数字土壤施肥决策系统

Digital Soil Fertilization Decision System

王囡囡　宋英博　丁俊杰　王馨翊　冯浩原 等　著

中国农业出版社
北　京

著　　者： 王囡囡　宋英博　丁俊杰　王馨翊　冯浩原
李灿东　樊伟民　马　瑞　刘俊刚　张振宇
杨晓贺　盖志佳　蔡丽君　赵星棋　靳晓春
王象然　刘婧琦　张茂明　李志民　李增杰
崔晓威　于千贺　杨　鹤　王自杰　徐智丽

著者单位： 黑龙江省农业科学院佳木斯分院

前言 FOREWORD

东北地区得益于黑土地资源优势，种植业、养殖业发展较好。该区粮食产量和调出量分别占全国总量的1/4和1/3，在全国农业版图中地位举足轻重。黑土区作为中国最大的粮食生产基地和商品粮输出基地，是国家粮食安全的“压舱石”，为国家粮食安全提供了重要保障。良好的土壤管理对于保证粮食安全和保护生态环境至关重要，精准施肥可以减少对土壤和环境的负面影响。同时，现代农业追求高效、精准和可持续发展，需要智能化的施肥决策系统来提高生产效率和减少资源浪费。随着我国航天技术的不断进步，新型高分辨率遥感卫星的出现为土壤监测提供了更精确的数据来源，同时物联网的发展使不同设备和系统之间能够实现互联互通，为智能施肥决策提供实时数据支持。在此背景下，智能施肥决策系统的研发充分利用高分辨率遥感卫星数据、土壤耕层多要素数据、地面传感器数据等，结合物联网和智能决策算法，在农学专家多年数据经验模型基础上进行大数据建模，为农业生产提供更加精准和科学的施肥方案。这对于解决生产科学施肥问题，提高农业效益，建设高标准农田，保护生态环境和推动农业现代化具有重要意义。

本书得到黑龙江省省属科研院所科研业务费基础项目“三江平原白浆土区根瘤菌核心菌群构建及机制研究”（编号：CZKYF2024-1-B003）、智慧农场技术与系统全国重点实验室2024年度开放课题“基于数字孪生技术大豆营养诊断施肥决策系统研发”，以及2022年新一轮黑龙江省“双一流”学科协同创新成果建设项目“反旋式水稻秸秆还田装备研发及土壤监测平台构建”（编号：LJGXCG2022-128）的支持。本书利用计算机Visual Basic编程技术开发大豆、玉米、水稻等作物智能、精准施肥的系统软件。由于大豆、玉米、水稻等作物分布范围广，地区之间差别大，笔者专业技术水平和实践经验有限，书中难免有不足之处，恳请读者指正并提出宝贵意见。

著　者

2024年3月

目录 CONTENTS

第一章

三江平原测土配方施肥（TRPF）系统概述

第一节 TRPF 系统简介

一、TRPF 系统简介

三江平原测土配方施肥系统，即 TRPF 系统（Three River Plain Fertilizer recommendation system），著作权人为黑龙江省农业科学院佳木斯分院，软件登记号为 2014SR030165。TRPF 系统是根据三江平原不同土壤类型的养分状况及不同作物的需肥特征，按照氮肥与磷钾肥、中微量元素肥等肥料适宜配比平衡施用方法，采用土壤肥力的施肥模型和氮素饱和指数追肥模型，利用计算机 Visual Basic（VB）技术编制开发的一款实用性较强的施肥系统软件。目前 TRPF 系统主要针对的作物包括大豆、玉米和水稻等。根据农户所种植作物及产量，自动计算并给出最佳施肥方案（主要是氮磷钾肥的施用，肥料种类为尿素、磷酸二铵、氯化钾等）。

二、TRPF 系统获奖情况

1.“三江平原测土配方施肥 TRPF 系统”，于 2014 年获中华人民共和国国家版权局软件著作权。

2. 2015 年“基于 TRPF 三江平原主要作物施肥技术研究”获黑龙江省农业科学技术三等奖。

3. 2018 年“TRPF 系统在三江平原玉米生产上的应用”获黑龙江省农业科学技术一等奖。

4.2022年“基于TRPF系统大豆精准施肥技术”获黑龙江省农业主推技术。

5.2022年出台黑龙江省佳木斯市地方标准《测土配方施肥系统TRPF技术规程》。

第二节　施肥配方软件现状及开发需求

科学的施肥方法是提高大豆等作物产量的重要手段。随着作物产量的不断提高，生育期的不断延长，化肥投入的不断增加，盲目施肥现象也更加严重。1984—1994年，我国化肥的消费量增加了90%，而粮食产量仅增加了9%，甚至不少农户形成了“不施肥、少施肥就将减产”的错误施肥思想。测土配方施肥在国际上通称为平衡施肥，通过测定土壤中作物必需的营养元素含量指标，以肥料效应试验为基础，根据计划种植作物的需肥特点、具体地块的土壤供肥能力、肥料中营养含量及其利用率、预计要达到的目标产量等多项因素，通过科学计算，在生产之前针对该特定地块提出氮、磷、钾及中微量元素的适宜肥料品种、用量、比例及相应的施肥技术方案。配方施肥是农作物合理施肥的一项重要技术，与传统经验施肥相比，测土配方施肥一般可使土地增产8%～15%，特殊土壤的增产量还会更高，而大面积推广测土配方施肥技术是减少化肥用量、科学施肥的有效措施。2016年5月23—25日，习近平总书记到黑龙江视察工作并发表了重要讲话，指出黑龙江正在推进的亿亩生态高产标准农田建设，实施减化肥、减农药、减除草剂‘三减’行动，方向是对的，要抓好落实。2022年，农业农村部制定了《到2025年化肥减量化行动方案》，建立健全“高产、优质、经济、环保”为导向的现代科学施肥技术体系，完善肥效检测评价体系，探索建立公益性与市场化融合互补的“一主多元”科学施肥推广服务体系，加快构建完备的化肥减量化法规政策、制度标准和工作机制，着力实现“一减三提”，即进一步减少农用化肥施用总量，提高有机肥资源还田量，提高测土配方施肥覆盖率，提高化肥利用率。

近年来，将计算机技术与施肥技术相结合编制的测土配方施肥软件被广泛应用，目前很多有条件的研究机构分别针对本地实际开发研制推荐施肥系统，如北京中农博思科技发展有限公司编制的农博士肥料配方软件、广西测土配方施肥决策系统、云南双柏县测土配方施肥专家系统软件等。本研究根据三江平原地区近30多年来测土配方施肥和土壤化验分析积累的数据，利用计算机技术，以黑龙江省三江平原土壤特点及不同作物的需肥规律为基础，按照氮肥与磷钾肥、中微量元素肥等肥料适宜配比平衡施用方法，使用Visual Basic（VB）语言编制开发出一款实用型软件——三江平原测土配方施肥（TRPF）系统。

第三节　TRPF系统的研究方法及技术要点

一、研究方法

程序的编制方法：参考《Visual Basic6. X程序设计》，《Visual Basic开发实战1200例》等教程，按照平衡施肥法，利用计算机VB技术，将肥料用量的计算公式转化为程序语言，并以文字形式输出。

TRPF系统编制的基本原理：本软件主要应用养分平衡法，程序编制使用计算机VB技术，编程理论基础依据鲁如坤的《土壤-植物营养学原理和施肥》，土壤养分含量测定方法依据《土壤监测分析实用手册》和《土壤农化分析》等，其原理为根据作物目标产量需肥量与土壤供肥量之差估算施肥量。TRPF系统于2014年1月完成升级，程序源字符数41 181个，Word文档60页。

二、技术要点

（一）核心技术

TRPF系统是利用计算机技术，根据三江平原土壤特点及作物的需肥规律，使用VB语言编制开发的一款实用新型软件。

（二）配套技术主要内容

1. 建立作物精准 TRPF 系统

将不同施肥量处理与 TRPF 系统配方施肥处理相比较，建立三江平原地区作物精准施肥系统。

2. 建立作物精准 TRPF 系统大面积生产关键技术

对种植作物的地块进行土壤样品采集，调查所采集地块基本情况，样本登记整理风干，并按照有关国家标准、行业标准或土壤分析技术规范分析所需测定的土壤养分属性，制定区域合理平衡施肥方案，对农户进行技术培训，印发测土配肥化验单，进行施肥指导，从而建立作物大面积生产关键技术。

3. 独创具有自主知识产权的作物精准施肥系统

该系统填补了三江平原作物施肥系统空白；成功将 TRPF 系统应用于大豆、玉米、水稻生产，实现了优质、稳产及节本、高效的目标；构建了以三江平原作物减肥增效为目标的田间施用技术方法；采用间比试验，实现了 TRPF 系统软件优化施肥，节约了肥料投入，控制了肥料污染。

第四节　TRPF 系统拟解决的主要问题及推广示范情况

一、拟解决的主要问题

TRPF 系统中，在作物种植之前应用土壤肥力的施肥模型计算作物施肥量。土壤肥力的施肥模型可在准确掌握土壤供肥特性、作物需肥规律和肥料利用率的基础上，合理设计养分配比，从而达到提高产投比、增加施肥效益的目标。实施测土配方施肥，可有效控制化肥的投入量，减少肥料的面源污染，避免水源富营养化，从而达到养分供应和作物需求的时空一致性，实现作物高产和生态环境保护相协调的目标。在作物种植之后，应用氮素饱和指数叶片 SPAD 施肥模型进行肥料养分补充。氮素饱和指数 SPAD 施肥模型可根据作物需肥特点和施肥规律，在作物生长关键时期及需肥节点，监控作物养分丰缺。

二、示范推广情况

通过田间试验，对 TRPF 系统生成的配方进行验证，通过应用 TRPF 系统生成的配方施肥对作物产量的影响和不同 TRPF 系统处理作物产量、经济效益及肥料投入的研究试验，完成软件的田间验证。该系统为农民及农业科研提供施肥配方 8 000 余份，在宝清、抚远、854 农场、集贤、饶河和同江县等地应用黑龙江进行测土配方施肥技术示范。该技术可使作物生产平均增产 5%～10%，肥料利用率较普通施肥处理提高 2～3 个百分点，累计推广面积 2 万多 hm^2。

三、软件应用范围及使用情况

根据计划种植作物的需肥特点、具体地块的土壤供肥能力、肥料中养分含量及其利用率、预计要达到的目标产量等多项因素，利用 TRPF 系统，在生产之前针对该特定地块，提出氮、磷、钾及中微量元素的适宜肥料品种、用量、比例以及相应的施肥技术方案。

三江平原是中国最大的沼泽分布区，为我国重要商品粮生产基地之一。本区主要分布着黑土、草甸土、白浆土、沼泽土和暗棕壤等 5 种类型的土壤。20 世纪 90 年代以来，黑龙江省农业科学院佳木斯分院土壤肥料研究所具有 30 多年三江平原土壤调查和试验研究的工作基础。这些大量的土壤分析数据及系统而完善的施肥理论和经验，为 TRPF 系统的研制开发提供了理论支持和准确性保障。TRPF 系统软件与传统的施肥相比，节本增效，适于三江平原作物种植地区大面积推广。黑龙江省农业科学院佳木斯分院利用 TRPF 系统长期为农民进行测土配方施肥等指导工作，足迹遍布三江平原的抚远、集贤、富锦、饶河、汤原、宝清、桦南和佳木斯等地区。

传统配方在为不同作物提供肥料配比时需手工输入，但同时是

TRPF 系统软件编制的基础。TRPF 系统的编制将计算机技术与测土配方施肥技术进行了很好的结合，提高了施肥配方生成的速度与准确性。随着条件因素的改变，施肥配方需要不断地通过肥料效应等试验完善，同时为 TRPF 系统的升级提供保证。

第二章

TRPF 系统研发

第一节 TRPF系统的基本原理

肥料用量的确定方法主要有4种：肥料效应函数法；土壤养分丰缺指标法；土壤与植物测试推荐施肥法；养分平衡法，又称目标产量法。TRPF系统利用的是养分平衡法，其原理是：作物所需养分是由土壤本身和人为施肥两方面提供的，在一定目标产量下作物所需养分量是一定的，明确了作物从土壤中吸收的养分数量，即可利用公式（1）和（2）计算出肥料的施用量。

$$X=\frac{W-P}{B\times R} \tag{1}$$

式中，X 为施肥量（kg/hm^2），W 为作物养分需要量（kg/hm^2），P 为土壤供肥量（kg/hm^2），B 为肥料中养分含量（%），R 为肥料利用率（%）。

$$W=Y\times Q \tag{2}$$

式中，Y 为作物目标产量（kg/hm^2），Q 为单位产量养分的吸收量（kg/hm^2）。

根据养分平衡法可以提供施肥配方，在实际生产中，肥料的利用率会受到诸多因素影响，导致作物生育期养分失衡，最终影响作物产量。影响肥料利用率的重要因素有作物的种类及品种、生育时期、肥料的种类及性质、土壤类型及性质、酸碱度、气候条件、施肥方法和其他技术措施的配合等。每个小的因素都应受到足够重视，才能做到科学、合理施肥。

为了减小作物的种类及品种、生育时期、肥料的种类及性质、土壤类型及性质、酸碱度、气候条件、施肥方法和其他技术措施的配合等对作物氮素营养状况诊断的影响，有研究人员提出，在相同田块里利用氮素饱和小区（该小区的氮素供给完全能够满足作物整个生育期的生长发育需求）标准化被测氮素小区的仪器读数，即SPAD（soil and plant analyzer development）叶绿素仪。标准化值被称为氮素饱和指数或氮素丰缺指数（nitrogen sufficiency index or nitrogen stress index，NSI），即：氮素饱和指数（NSI）＝被测氮素小区数值/氮素饱和小区数值。作物最佳施氮量与SPAD原始值间相关性低于与SPAD相对值（氮素饱和指数）间相关性，并且对于不施氮小区而言也有相同的结果。研究显示，氮素饱和指数能够减小SPAD的变异以及提高作物最佳施氮量的评估准确性，可以利用SPAD氮素饱和指数代替氮素营养指数指导农业氮素管理。

作物在生长发育过程中，必须从土壤里吸收多种营养元素，才能正常生长。这些营养元素即氮、磷、钾、硅、镁、钙、硫、铁、锌、锰、铜、铝和氯等。作物如果缺乏任何一种或者几种营养元素，就会在外部形态上表现出特有的病状，这种病状称为缺素症。通常将作物常见缺素症的症状分为出现在老叶、出现在新叶和出现在分生组织（顶端）三类。小叶丛生，白条症，缺锌；花而不实，落花落果，缺硼；新叶黄化，脉间失绿，缺铁；老叶边缘黄化枯焦，缺钾；老叶黄化，植株矮弱，缺氮；生长点异常，易裂果，缺钙；新叶黄化，叶片失绿，缺锰；叶片紫红色，植株矮小，缺磷。通过具体典型症状确定作物缺素。根据发病时期、发病部位、发病条件进行多级推理，在前次推理的基础上，根据作物发病特点和典型症状进一步细化推理，对相似症状进行横向比较，最后确定结果，及时补充营养元素。

第二节　TRPF 系统的数据获取

一、TRPF 系统所需仪器设备

土壤养分含量测定所需的仪器：土壤样品粉碎机、电子数控鼓风干燥箱、电子天平、高温电阻炉、凯式定氮仪、恒温油浴锅、培养箱、分光光度计、原子吸收分光光度计、pH 仪等。施肥方案的获取所需设备：电脑、打印机。

二、TRPF 系统土壤样品获取方法

采样点要能代表整个地块。采样点的数量根据地块的面积、地形的变化、地力的均匀程度而定，地块小、平整、地力均匀则可少采点，反之则应多采点。一般每 1～4 hm^2 可采 1 个土壤样本，1 个土壤样本要由多个取样点混合，取样点位越多越有代表性，越接近土壤肥力的真实情况，系统提供的施肥建议才更有效。采样时间在秋收之后或春季化冻之后。样本的采样点数，每个样本要由该地块中 15～20 个点位上的土壤构成，在每个点位上取 0～20 cm 深的全层土壤。采样方法一般采用 S 形取样法，即在田地中曲折前进取点采样，最后将这些点位上的土壤全部混合，混拌均匀，用四分法多次对角分取，将混拌均匀的土壤堆成一个圆堆，在其上面划一个“十”字，扔掉其中对角两部分，保留另外对角的两部分土壤，多次混拌，直到最后剩 1 kg 装入洁净袋中。去除土壤样品中的乱石、杂草，将土壤样品研磨，使土壤样品粒度达到一定的规格，取 500 kg 左右的土壤样品进行自然风干。写清采样时间、地块名、想要种植的作物，送样人姓名、电话、住址。将采集的土壤样品送至有检验检测资质的部门化验分析，化验土壤中的速效氮、有效磷、速效钾、酸碱度、有机质项目。

第三节　TRPF 系统的设计思路

TRPF 系统使用 Microsoft 公司的 Visual Basic 6.0 中文版进行

开发，开发环境为 Microsoft XP 简体中文 32 位 professional 版。以下对各界面进行详细介绍。

一、TRPF 系统主界面设计

菜单栏：包括“文件”“系统管理”“作物配方系统”“土壤样品获取”“肥料计算及混肥”“帮助”“关于”，将鼠标放在相应的按钮上即可出现下拉菜单。

文件：下拉菜单显示“简介”和“退出”。

系统管理：下拉菜单显示“添加用户”和“删除用户”，对用户信息进行编辑，即将用户信息进行添加或删除等操作。

作物配方系统：下拉菜单显示“大豆施肥配方”“玉米施肥配方”（图 2－1）、“水稻施肥配方”和“其他作物”，选择相应作物按钮项即可进入相应的施肥配方界面。

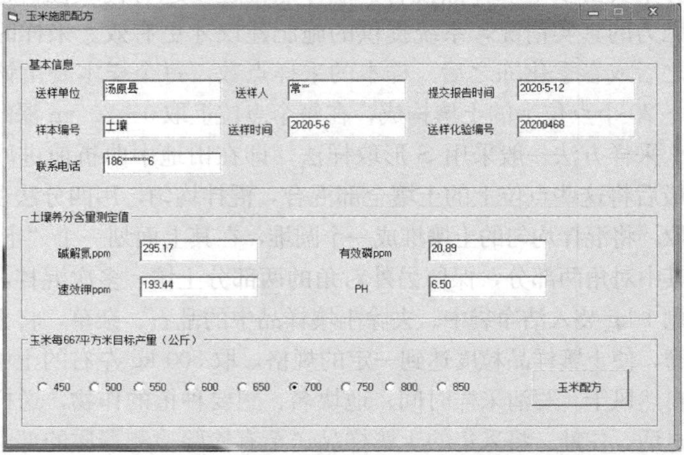

图 2－1　TRPF 系统玉米施肥方案界面

注：ppm 为我国非法定计量单位，相当于 10^{-6}。——编者注

土壤样品获取：下拉菜单显示“土壤样品采样”“土壤前处理”“土壤化验分析方法”。

肥料计算及混肥：下拉菜单显示“肥料计算”和“肥料混配”，

在肥料计算界面中输入相应的参数，点击“转换”按钮，可输出结果。在肥料混配界面中，根据需要在肥料1中和肥料2中选取一种肥料，点击“肥料混配”按钮，显示结果。

帮助：鼠标放在这一栏，点击相应按钮，出现帮助文件，显示的是软件TRPF系统的使用说明文件。

关于：与本软件相关的信息。

二、不同栽培模式下TRPF系统大豆配方施肥界面设计

大豆在生长发育期间需要补充一系列含大量、中量和微量元素的肥料，才能确保其整体正常生长。若要使大豆的籽粒含有较高浓度的矿物质，需要肥料的支持才可确保满足实际需求。在此过程中，大豆对养分的需求也与其他农作物之间有一定差异。其中，对大豆起到决定性作用的肥料是氮肥，而前中期大豆对磷肥和钾肥的需求量较大。实际上大豆对肥料的需求可以在开花前后进行判定，在开花前期，大豆对于氮肥的需求较多，能够达到整体需求量的60%。由于大豆的根部容易感染病虫害，种植人员还需要结合此特点对肥料的比例进行控制，降低铵态氮的吸收比例，从而提升大豆对所需养分的需求。大豆是一种对肥料需求较大的农作物，而且需要的营养较为全面。有研究表明，大豆对氮肥、磷肥、钾肥需要量较大，其次为镁、硫、铁以及一些微量元素。在大豆发芽至出苗期间，大豆所需要的养分主要从大豆的两片子叶中获得，这段时间基本不从外界获取养分，只有当大豆生根后才会从土壤中获取养分。大豆在幼苗期时主要进行营养生长，这时幼苗的根部还没有形成根瘤，无法为其提供氮元素，所以可以在幼苗时施加适量的氮元素促进其生长，这部分的氮肥主要以施加基肥为主，但是基肥施加量不宜过多，因为化学氮肥施加过多会抑制根瘤菌繁殖。在幼苗期也需要施加适量的钾肥和磷肥，起到促进增产、抗逆等作用。大豆开花后主要进行生殖生长和营养生长，这时需要大量的氮肥、磷肥和钾肥，所以这时期应该适当增加氮肥、钾肥的施用量。但是根瘤菌具

有固氮作用，所以要严格控制氮肥的施用量，防止因氮肥施用过量出现倒伏、秕粒和落花落果等。在大豆开花前后应该对其叶面喷施适量微量元素，促进大豆生长。大豆的施肥体系一般由基肥、种肥和追肥组成。施肥的原则是既要保证大豆有足够的营养，又要发挥根瘤菌的固氮作用。在大豆幼苗期，根部尚未形成根瘤或根瘤活动弱时，适量施用氮肥可使植株生长健壮，在初花期酌情施用少量氮肥也是必要的。氮肥用量一般以亩施尿素 7.5～10 kg 为宜。花期根外喷施 0.2%～0.3%的磷酸二氢钾水溶液或过磷酸钙水溶液，可增加籽粒含氮率，有明显增产作用；花期喷施 0.1%的硼砂、硫酸铜、硫酸锰水溶液可促进籽粒饱满，增加大豆含油量。

大豆不同栽培模式施肥量的计算界面：计算施肥量之前，首先要对土壤 pH 进行判定，从而确定土壤条件是否适宜种植大豆。选择下拉菜单，包括大豆垄三栽培模式、大豆行间覆膜栽培模式、大豆窄行密植栽培模式、大豆保护性栽培模式和大豆玉米复合种植模式（图 2-2至图 2-6），每种栽培模式界面均需输入碱解氮参数、

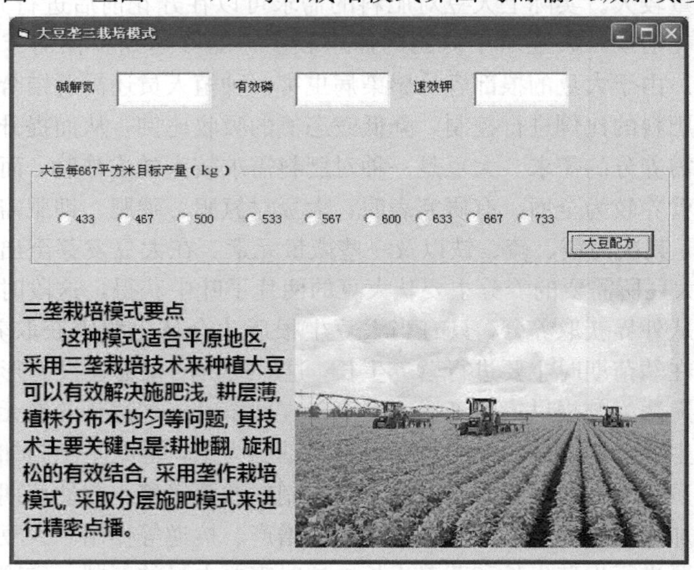

图 2-2　大豆垄三栽培模式施肥量计算界面

有效磷参数、速效钾参数，同时选择近年来地块产量以计算总肥量。大豆配方施肥打印单：点击“大豆配方”按钮，进入大豆施肥单打印界面，点击“打印”按钮（图 2－7）。

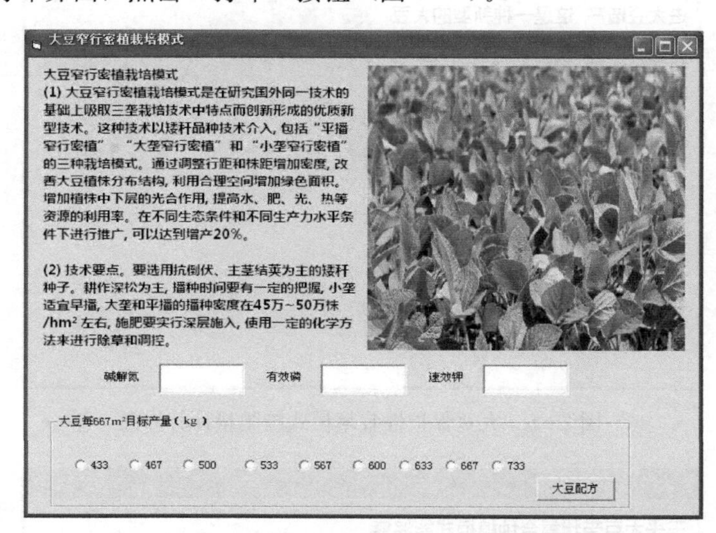

图 2－3 大豆窄行密植栽培模式施肥量计算界面

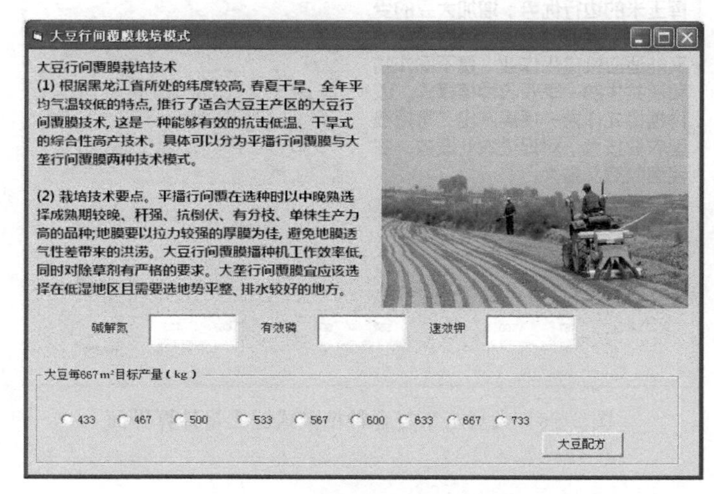

图 2－4 大豆行间覆膜栽培模式施肥量计算界面

图 2-5　大豆保护性栽培模式施肥量计算界面

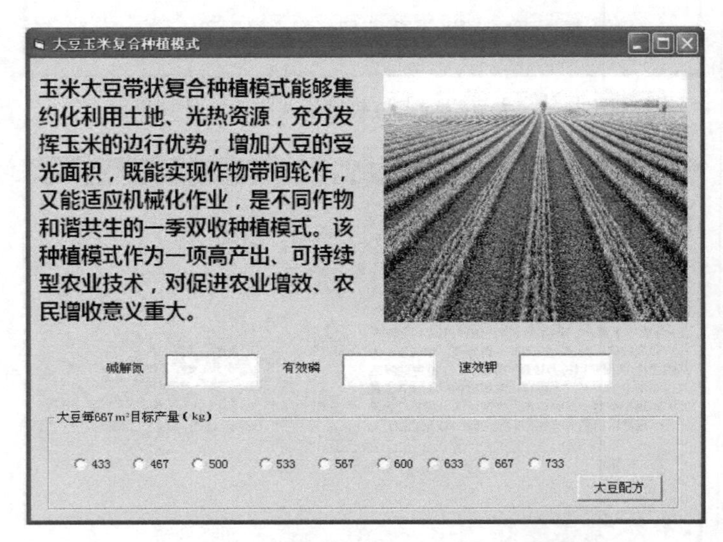

图 2-6　大豆玉米复合种植模式施肥量计算界面

土壤化验报告单

黑龙江省农业科学院 佳木斯分院 土壤营养诊断中心 佳木斯市安庆路531号 Tel:0454~8351080:Fax:04548351326

送样单位	浓江乡双胜村	送样人	张**	提交报告日期	
原样本编号	1	送样时间		送样化验编号	1634

133*****1

分析项目	测定值*	参考标准**					分析项目	测定值*	参考标准**					
		极低	低	中	高	极高			极低	低	中	高	极高	临界值
有机质 %		<1.00	1.01~3.00	3.01~4.0	4.01~10	>10	铜（Cu）ppm		<0.1	0.1~0.2	0.2~1.0	1~1.8	>1.8	<0.2
pH (水浸)	5.1	4~5.2 *	5.2~6.4	6.4~7.5	7.5~8.5	8.5~10	锌（Zn）ppm		<0.3	0.3~0.5	0.5~1.0	1.0~3.0	>3.0	<0.5
全氮（N）%		<0.075	0.076~0.1	0.1~0.15	0.151~0.2	>0.2	铁（Fe）ppm		<2.5	2.5~4.5	4.5~10	10~20	>20	<4.5
全磷（P）%		<0.09	0.09~0.15	0.15~0.25	0.25~0.32	>0.32	锰（Mn）ppm		<1.0	1~5	5~15	15~30	>30	<7.0
全钾（K）%		<1.13	1.13~1.5	1.5~2.0	2.0~2.5	>2.5	硼（B）ppm		<0.2	0.2~0.5	0.5~1	1~2	>2	<0.5
碱解氮（N）ppm	757.70	<90	90~119	120~149	150~199	>200 *	钼（Mo）ppm		<0.15	0.15~0.20	0.2~0.25	0.25~0.4	>0.4	<0.15
速效磷（P）ppm	146.40	<10	10~19	20~39	40~99	>100 *	电导度（EC）mS/cm		<0.3	0.31~0.4	0.41~0.8	0.81~1.0	1.1~1.4	0.4~0.8
速效钾（K）ppm	174.2	<50	50~99	100~149	150~199 *	>200								

建议（仅供参考）：

1.土壤偏酸性，土壤养分含量丰富，若要种大豆注意施石灰。

2.土壤改良：在整地前，将石灰均匀撒在地表，再翻耙整地起垄，石灰用量为200~300kg/hm^2。

3.大豆推荐施肥量：

（1）钼酸铵75～100kg(兑温水2.0kg)；

（2）用种衣剂拌种；

（3）现蕾开花期喷施钼酸铵75～150kg/hm^2，兑水约750kg/hm^2，喷施2~3遍；

（4）底肥：尿素28.0kg/hm^2，磷酸二铵116.0kg/hm^2，氯化钾75.0kg/hm^2。

备注：*仅对来样负责；**参考标准根据黑龙江省土壤含量分级标准制定；ppm：mg/kg。

图 2-7 大豆施肥报告单界面

三、不同栽培模式下TRPF系统玉米配方施肥界面设计

目前大部分玉米种植者采用玉米外观诊断法，通过观察玉米的植株或叶片颜色来判断氮素营养。当玉米叶片和植株表现缺失氮素时，已明显影响玉米的正常生长，此时形成滞后诊断，不能起到提前预防作用。化学诊断法包括土壤养分测定、植株样品分析和酶学诊断。虽然测量结果能准确反映玉米氮素营养，但需要仪器设备，操作烦琐，时效性差。SPAD叶绿素仪因低成本、易推广而被应用于玉米氮素诊断，近年来关于SPAD与玉米叶片叶绿素含量、植株氮素含量和产量相关性研究报道较多，但玉米的生长环境、品种以及病虫草害等因素对玉米叶片SPAD影响较大，因此，在诊断玉米氮素丰缺及追肥时，可以利用SPAD氮素饱和指数方法消除这些影响。前人研究表明，SPAD氮素饱和指数与玉米氮素营养有较好的相关性，可以利用SPAD氮素饱和指数指导玉米氮素管理。

玉米的氮素营养诊断对于保证玉米产量和降低生产成本尤为重

要。SPAD氮素饱和指数是同一地块被测氮素小区SPAD与氮素饱和小区（高氮区）SPAD的比值。目前，可利用SPAD叶绿素仪对小麦、大豆、玉米、水稻等作物进行氮素丰缺诊断及需氮量的预测、作物生长评价和水肥管理。根据玉米需肥规律和生育特点，在施足基肥和用好种肥的基础上，在玉米拔节期进行追肥，在孕穗期和灌浆期进行SPAD氮素饱和指数补肥。

玉米不同栽培模式施肥量的计算界面：计算施肥量之前，先要对土壤pH进行判定，从而确定土壤条件是否适宜种植玉米。选择下拉菜单，包括65～70 cm标准垄栽培技术模式、110 cm大垄密植栽培技术模式、130 cm或140 cm大垄通透密植栽培模式、二比空通透密植栽培模式和小垄密植栽培技术模式（图2－8至图2－12），每种栽培模式界面均需输入碱解氮参数、有效磷参数、速效钾参数，同时选择近年来地块产量以计算总的肥量。玉米配方施肥打印单：点击“玉米配方”按钮，进入玉米施肥单打印界面，点击打印按钮（图2－13）。

图2－8 玉米65～70cm标准垄栽培技术模式界面

图 2－9 玉米 110 cm 大垄密植栽培技术模式界面

图 2－10 玉米 130 或 140 cm 大垄通透密植栽培模式界面

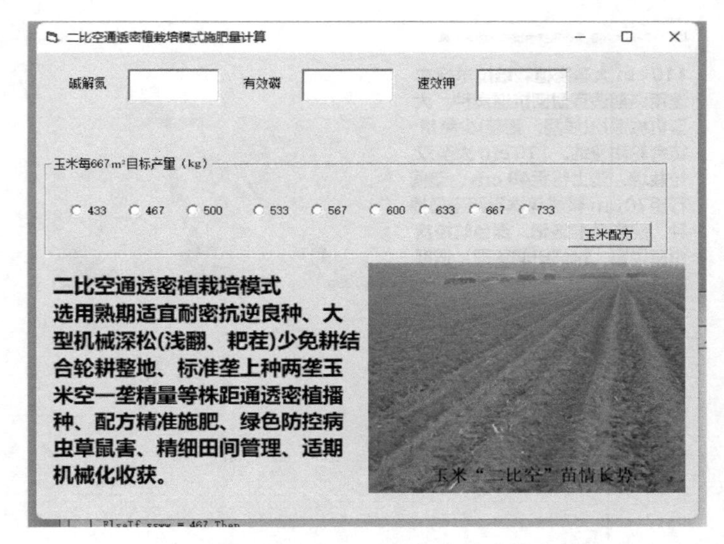

图 2－11　玉米二比空通透密植栽培模式界面

图 2－12　玉米小垄密植栽培技术模式界面

土壤化验报告单

黑龙江省农业科学院 佳木斯分院 三江平原主要作物育种栽培重点实验室 佳木斯市安庆路531号 Tel:0454~8351080;Fax:04548351326

送样单位	大庆	送样人	葛**	提交报告日期	
原样本编号	1	送样时间		送样化验编号	1602

130*****7

分析项目	测定值*	参考标准**					分析项目	测定值*	参考标准**					
		极低	低	中	高	极高			极低	低	中	高	极高	临界值
有机质	4.08	<1.00	1.01~3.00	3.01~4.0	4.01~10	>10	铜（Cu）		<0.1	0.1~0.2	0.2~1.0	1~1.8	>1.8	<0.2
%					*		ppm							
pH	9.17	4~5.2	5.2~6.4	6.4~7.5	7.5~8.5	8.5~10	锌（Zn）		<0.3	0.3~0.5	0.5~1.0	1.0~3.0	>3.0	<0.5
(水浸)						*	ppm							
全氮（N）	0.079	<0.075	0.076~0.1	0.1~0.15	0.151~0.2	>0.2	铁（Fe）		<2.5	2.5~4.5	4.5~10	10~20	>20	<4.5
%			*				ppm							
全磷（P）	0.053	<0.09	0.09~0.15	0.15~0.25	0.25~0.32	>0.32	锰（Mn）		<1.0	1~5	5~15	15~30	>30	<7.0
%		*					ppm							
全钾（K）	2.73	<1.13	1.13~1.5	1.5~2.0	2.0~2.5	>2.5	硼（B）		<0.2	0.2~0.5	0.5~1	1~2	>2	<0.5
%						*	ppm							
碱解氮（N）	31.20	<90	90~119	120~149	150~199	>200	钼（Mo）		<0.15	0.15~0.20	0.2~0.25	0.25~0.4	>0.4	<0.15
ppm		*					ppm							
速效磷（P）	2.30	<10	10~19	20~39	40~99	>100	电导度（EC）		<0.3	0.31~0.4	0.41~0.8	0.81~1.0	1.1~1.4	0.4~0.8
ppm		*					mS/cm							
速效钾（K）	45.0	(50	50~99	100~149	150~199	>200								
ppm		*												

建议（仅供参考）：

1.土壤偏碱性，土壤养分含量缺乏，应注意施微量元素。

2.玉米推荐施肥量：

（1）施微肥：①种肥（底肥）施磷酸二铵20～30kg/hm²。②在拔节期间，喷施浓度为0.1%～0.2%的硫酸锌溶液750kg/hm²，2～3次。

（2）底肥：尿素51kg/hm²，磷酸二铵198.6kg/hm²，氯化钾129kg/hm²。

（3）拔节期尿素追肥：①6~8片叶174kg/hm²；②11~13片叶116kg/hm²。

备注:*仅对来样负责；**参考标准根据黑龙江省土壤含量分级标准制定；ppm：mg/kg。

图 2－13　玉米施肥报告单界面

四、TRPF 系统水稻配方施肥界面设计

水稻施肥分为基肥、分蘖肥、穗肥。基肥是在水稻移栽前施入土壤的肥料，要做到有机肥与无机肥相结合，基肥应占氮肥总量的50％左右，结合移栽前的最后一次耙田施用。分蘖肥宜早施，一般占氮肥总量的 30％左右，移栽或插秧后 1 周内施入。穗肥根据追肥时期和所追肥料的作用，一般在移栽后 40～50 d 时施用，占氮肥总量的 20％左右。抽穗扬花后根据品种类型和生长状况确定施粒肥时期，一般在抽穗扬花后期及灌浆期各喷施 1 次，每亩每次用磷酸二氢钾 75 g，兑水 50～60 kg，于傍晚喷施，可增加粒重，减少空秕粒。

水稻施肥量的计算界面：计算施肥量之前，首先要对土壤 pH 进行判定，从而确定土壤条件是否适宜种植水稻。选择下拉菜单，输入碱解氮参数、有效磷参数、速效钾参数，选择近年来地块产量以计算总的肥量（图 2－14）。点击“水稻配方”按钮，进入水稻施肥单打印界面，点击“打印”按钮（图 2－15）。

图 2－14　水稻施肥量的计算界面

土壤化验报告单

黑龙江省农业科学院 佳木斯分院 三江平原主要作物育种栽培重点实验室 佳木斯市安庆路531号 Tel:0454-8351080;Fax:04548351326

送样单位		送样人	崔**	提交报告日期	
原样本编号	1	送样时间		送样化验编号	1510247

139*****2

分析项目	测定值*	参考标准**					分析项目	测定值*	参考标准**					
		极低	低	中	高	极高			极低	低	中	高	极高	临界值
有机质		<1.00	1.01~3.00	3.01~4.0	4.01~10	>10	铜（Cu）		<0.1	0.1~0.2	0.2~1.0	1~1.8	>1.8	<0.2
%							ppm							
pH	5.23	4~5.2	5.2~6.4	6.4~7.5	7.5~8.5	8.5~10	锌（Zn）		<0.3	0.3~0.5	0.5~1.0	1.0~3.0	>3.0	<0.5
(水浸)			•				ppm							
全氮（N）		<0.075	0.076~0.1	0.1~0.15	0.151~0.2	>0.2	铁（Fe）		<2.5	2.5~4.5	4.5~10	10~20	>20	<4.5
%							ppm							
全磷（P）		<0.09	0.09~0.15	0.15~0.25	0.25~0.32	>0.32	锰（Mn）		<1.0	1~5	5~15	15~30	>30	<7.0
%							ppm							
全钾（K）		<1.13	1.13~1.5	1.5~2.0	2.0~2.5	>2.5	硼（B）		<0.2	0.2~0.5	0.5~1	1~2	>2	<0.5
%							ppm							
碱解氮（N）	88.92	<90	90~119	120~149	150~199	>200	钼（Mo）		<0.15	0.15~0.20	0.2~0.25	0.25~0.4	>0.4	<0.15
ppm		•					ppm							
速效磷（P）	27.00	<10	10~19	20~39	40~99	>100	电导度（EC）		<0.3	0.31~0.4	0.41~0.8	0.81~1.0	1.1~1.4	0.4~0.8
ppm				•			mS/cm							
速效钾（K）	122.0	（50	50~99	100~149	150~199	>200								
ppm				•										

建议（仅供参考）：

1.土壤偏酸性，土壤养分含量不均衡，氮缺乏，磷钾含量中等，适合种水稻。

2.水稻推荐施肥量：

（1）底肥：尿素103.0 kg/hm^2，磷酸二铵121.0 kg/hm^2，氯化钾88.0 kg/hm^2。

（2）尿素追肥：①分蘖肥75.0 kg/hm^2，②穗肥50.0kg/hm^2。

备注:*仅对来样负责；**参考标准根据黑龙江省土壤含量分级标准制定；ppm：mg/kg。

图 2－15　水稻施肥报告单界面

第四节 TRPF 系统配方施肥的主要代码

以大豆配方施肥为例，具体代码如下：

```
Option Explicit
Private Sub Command1 _ Click ()
If xn < 120 And xp < 10 And xk < 100 Then
Label15. Caption = "土壤养分含量缺乏"
ElseIf xn < 120 And xp < 20 And xk < 150 And xk >= 100 Then
Label15. Caption = "土壤养分含量不均衡，氮磷缺乏，钾元素含量中等"
ElseIf xn < 120 And xp < 20 And xk >= 150 Then
Label15. Caption = "土壤养分含量不均衡，氮磷缺乏，钾元素丰富"
ElseIf xn < 120 And xp >= 20 And xp < 40 And xk < 100 Then
Label15. Caption = "土壤养分含量不均衡，氮钾缺乏，磷元素含量中等"
ElseIf xn < 120 And xp >= 20 And xp < 40 And xk >= 100 And xk < 150 Then
Label15. Caption = "土壤养分含量不均衡，氮缺乏，磷钾含量中等"
ElseIf xn < 120 And xp >= 20 And xp < 40 And xk >= 150 Then
Label15. Caption = "土壤养分含量不均衡，氮缺乏，磷含量中等，钾元素丰富"
ElseIf xn < 120 And xp >= 40 And xk < 100 Then
Label15. Caption = "土壤养分含量不均衡，氮钾缺乏，磷元素含量丰富"
```

```
ElseIf xn < 120 And xp >= 40 And xk >= 100 And xk < 150 Then
Label15.Caption = "土壤养分含量不均衡，氮缺乏，钾中等，磷元素含量丰富"
ElseIf xn < 120 And xp >= 40 And xk >= 150 Then
Label15.Caption = "土壤养分含量不均衡，氮缺乏，磷钾含量丰富"
ElseIf xn >= 120 And xn < 150 And xp < 20 And xk < 100 Then
Label15.Caption = "土壤养分含量不均衡，磷钾缺乏，氮含量中等"
ElseIf xn >= 120 And xn < 150 And xp < 20 And xk < 150 And xk >= 100 Then
Label15.Caption = "土壤养分含量不均衡，氮钾含量中等，磷元素缺乏"
ElseIf xn >= 120 And xn < 150 And xp < 20 And xk >= 150 Then
Label15.Caption = "土壤养分含量不均衡，氮中等，磷缺乏，钾元素丰富"
ElseIf xn >= 120 And xn < 150 And xp >= 20 And xp < 40 And xk < 100 Then
Label15.Caption = "土壤养分含量不均衡，氮磷元素含量中等，钾缺乏"
ElseIf xn >= 120 And xn < 150 And xp >= 20 And xp < 40 And xk >= 100 And xk < 150 Then
Label15.Caption = "土壤养分含量不均衡，氮磷钾含量中等"
ElseIf xn >= 120 And xn < 150 And xp >= 20 And xp < 40 And xk >= 150 Then
Label15.Caption = "土壤养分含量不均衡，氮磷含量中等，钾元素丰富"
```

```
ElseIf xn >= 120 And xn < 150 And xp >= 40 And xk < 100 Then
Label15.Caption = "土壤养分含量不均衡，氮含量中等，钾缺乏，磷元素含量丰富"
ElseIf xn >= 120 And xn < 150 And xp >= 40 And xk >= 100 And xk < 150 Then
Label15.Caption = "土壤养分含量不均衡，氮钾含量中等，磷元素含量丰富"
ElseIf xn >= 120 And xn < 150 And xp >= 40 And xk >= 150 Then
Label15.Caption = "土壤养分含量不均衡，氮含量中等，磷钾含量丰富"
ElseIf xn >= 150 And xp < 20 And xk < 100 Then
Label15.Caption = "土壤养分含量不均衡，磷钾缺乏，氮含量丰富"
ElseIf xn >= 150 And xp < 20 And xk < 150 And xk >= 100 Then
Label15.Caption = "土壤养分含量不均衡，氮含量丰富，钾含量中等，磷元素缺乏"
ElseIf xn >= 150 And xp < 20 And xk >= 150 Then
Label15.Caption = "土壤养分含量不均衡，氮钾元素丰富，磷缺乏"
ElseIf xn >= 150 And xp >= 20 And xp < 40 And xk < 100 Then
Label15.Caption = "土壤养分含量不均衡，氮丰富，磷元素含量中等，钾缺乏"
ElseIf xn >= 150 And xp >= 20 And xp < 40 And xk >= 100 And xk < 150 Then
Label15.Caption = "土壤养分含量不均衡，氮丰富，磷钾含量中等"
```

```
ElseIf xn >= 150 And xp >= 20 And xp < 40 And xk >=
150 Then
Label15. Caption = "土壤养分含量不均衡，氮钾含量丰富，
磷含量中等"
ElseIf xn >= 150 And xp >= 40 And xk < 100 Then
Label15. Caption = "土壤养分含量不均衡，氮磷元素含量丰
富，钾缺乏"
ElseIf xn >= 150 And xp >= 40 And xk >= 100 And xk
< 150 Then
Label15. Caption = "土壤养分含量不均衡，氮磷元素含量丰
富，钾含量中等"
ElseIf xn >= 150 And xp >= 40 And xk >= 150 Then
Label15. Caption ="土壤养分含量丰富"
Else
Label15. Caption = " "
End If
If Text10. Text <= 5. 2 And Text10. Text > 0 Then
Label14. Caption = "1. 土壤偏酸性，" & Label15. Caption
&" 若要种大豆应注意施石灰。2. 土壤改良：在整地前，将石灰
均匀撒在地表，再翻耙整地起垄，石灰用量为 200～300kg/hm²。
3. 大豆推荐施肥量：1）. 钼酸铵 150～200g（兑温水 2. 0kg）拌种
100kg；2）. 用种衣剂拌种；3）. 现蕾开花期喷施钼酸铵 150～
300g/hm²，兑水约 750kg/hm²，喷施 2～3 遍。"
xxhh = 3
ElseIf Text10. Text <= 6. 3 And Text10. Text > 5. 2 Then
Label14. Caption = " 1. 土壤偏酸性，" & Label15. Caption
&"。2. 大豆推荐施肥量：1）. 钼酸铵 100～150g（兑温水 2. 0kg）
拌种 100kg；2）. 用种衣剂拌种；3）. 现蕾开花期喷施钼酸铵
150～300g/hm²，兑水约 750kg/hm²，喷施 2～3 遍。"
xxhh = 4
```

```
ElseIf Text10. Text <= 7. 5 And Text10. Text > 6. 3 Then
Label14. Caption = "1. 土壤中性，" & Label15. Caption &"。2. 大豆推荐施肥量：1）. 钼酸铵 100～150g（兑温水 2. 0kg）拌种 100kg；2）. 用种衣剂拌种。"
xxhh = 5
ElseIf Text10. Text > 7. 5 And Text10. Text <= 8. 5 Then
Label14. Caption = "1. 土壤偏碱性，" & Label15. Caption &" 应注意施微量元素。2. 大豆推荐施肥量：1）. 施微肥：现蕾和开花期，喷施浓度为 0. 2% ～ 0. 3% 的硫酸亚铁溶液 750kg/hm²。"
xxhh = 6
Else
Label14. Caption = "1. 土壤偏碱性，" & Label15. Caption &"，应注意施微量元素。2. 大豆推荐施肥量：1）. 施微肥：现蕾和开花期，喷施浓度为 0. 2% ～ 0. 3% 的硫酸亚铁溶液 750kg/hm²。"
xxhh = 7
End If
sss = k * 0. 6 / 0. 5
If Text10. Text > 6. 3 Then
Label13. Caption ="（含氧化钾 50%）硫酸钾" & Round（sss, 0)
Else
Label13. Caption = "氯化钾" & Round（k, 0)
End If
If Text7. Text < 60 Then
nnhh = 3
ElseIf Text7. Text >= 60 And Text7. Text < 120 Then
nnhh = 4
ElseIf Text7. Text >=120 And Text7. Text < 150 Then
nnhh = 5
```

```
ElseIf Text7. Text >= 150 And Text7. Text < 200 Then
nnhh = 6
Else
nnhh = 7
End If
If Text8. Text < 10 Then
pphh = 3
ElseIf Text8. Text >= 10 And Text8. Text < 20 Then
pphh = 4
ElseIf Text8. Text >= 20 And Text8. Text < 40 Then
pphh = 5
ElseIf Text8. Text >= 40 And Text8. Text < 100 Then
pphh = 6
Else
pphh = 7
End If
If Text9. Text < 50 Then
kkhh = 3
ElseIf Text9. Text >= 50 And Text9. Text < 100 Then
kkhh = 4
ElseIf Text9. Text >= 100 And Text9. Text < 150 Then
kkhh = 5
ElseIf Text9. Text >= 150 And Text9. Text < 200 Then
kkhh = 6
Else
kkhh = 7
End If
soybeans =Label14. Caption &" 底肥：尿素" & Label12. Caption &" kg/hm²，" &" 磷酸二铵" & Label11. Caption &" kg/hm²，" & Label13. Caption &" kg/hm²
```

```
Set exlapp = New Excel. Application
exlapp. Workbooks. Open App. Path &" \ Authors. xlt"
Set mydb = Workspaces (0) . OpenDatabase (App. Path &"
\ Authors. mdb" )
Set rs = mydb. OpenRecordset (" authors", dbOpenTable)
Dim rows As Integer
aaa = Text1. Text
rows = 3
If rs. RecordCount > 0 Then
While Not rs. EOF
With exlapp. Sheets (1)
. Cells (rows + 7, 1) = rs. Fields (" 分析项目" )
. Cells (rows + 7, 2) = rs. Fields (" 测定值 * " )
. Cells (rows + 7, 3) = rs. Fields (" 极低" )
. Cells (rows + 7, 4) = rs. Fields (" 低" )
. Cells (rows + 7, 5) = rs. Fields (" 中" )
. Cells (rows + 7, 6) = rs. Fields (" 高" )
. Cells (rows + 7, 7) = rs. Fields (" 极高" )
. Cells (rows + 7, 8) = rs. Fields (" 其他分析项目" )
. Cells (rows + 7, 9) = rs. Fields (" 测定值 * " )
. Cells (rows + 7, 10) = rs. Fields (" 过低" )
. Cells (rows + 7, 11) = rs. Fields (" 较低" )
. Cells (rows + 7, 12) = rs. Fields ("中等" )
. Cells (rows + 7, 13) = rs. Fields (" 较高" )
. Cells (rows + 7, 14) = rs. Fields (" 过高" )
. Cells (rows + 7, 15) = rs. Fields (" 临界值" )
. Cells (5, 3) = Text1. Text
. Cells (6, 3) = Text4. Text
. Cells (5, 10) = Text2. Text
. Cells (6, 10) = Text5. Text
```

```
.Cells (5, 14) = Text3.Text
.Cells (6, 14) = Text6.Text
.Cells (20, 2) = Text7.Text
.Cells (22, 2) = Text8.Text
.Cells (24, 2) = Text9.Text
.Cells (12, 2) = Text10.Text
.Cells (7, 1) = Text11.Text
.Cells (13, xxhh) = "*"
.Cells (21, nnhh) = "*"
.Cells (23, pphh) = "*"
.Cells (25, kkhh) = "*"
.Cells (26, 1) = "建议（仅供参考）" & soybeans
.Cells (6, 4) = aaa
rs.MoveNext
rows = rows + 1
End With
Wend
exlapp.Visible = True
Else
MsgBox "没有数据!"
End If
End Sub
Private Sub CmdOK_Click ()
Unload Me
End Sub
```

第三章

TRPF 系统的使用方法

本软件运行后进入的登录界面，需要输入用户名和密码，然后点击“进入系统”按钮，进入软件的主界面。目前针对大田作物大豆、玉米、水稻和其他作物，软件还加入了作物不同栽培模式的施肥配方项。选择需要配方施肥的作物，即可进入相应作物的主界面，输入相关信息，点击“配方”按钮，软件自动生成施肥配方，配方输出的形式为 Excel 文档，可以使用打印机为用户打印报告单或者保存电子版。需要说明的是，本软件主要应用于三江平原地区或者与三江平原地区有类似土壤类型及作物的测土配方施肥。

第一节　TRPF 系统参数的获得

一、土壤速效养分测定

（一）碱解氮

方法：氢氧化钠碱解扩散法；主要仪器：恒温培养箱；地方标准：《土壤碱解氮的测定》（DB51/T 1875—2014）。

（二）有效磷

方法：0.5 mol 的碳酸氢钠浸提，钼锑抗比色法；主要仪器：空气浴振荡器、分光光度计；行业标准：《土壤 有效磷的测定 碳酸氢钠浸提-钼锑抗分光光度法》（HJ 704—2014）。

（三）速效钾

方法：1mol/L 醋酸铵浸提，火焰光度计法；主要仪器：空气浴振荡器、原子吸收分光光度计；行业标准：《土壤速效钾和缓效钾含量的测定》（NY/T 889—2004）。

二、土壤养分全量测定

（一）全氮

方法：凯式定氮法（H_2SO_4-K_2SO_4-$CuSO_4$消煮剂）；主要仪器：凯式定氮仪；行业标准：《土壤检测 第24部分：土壤全氮的测定自动定氮仪法》（NY/T 1121.24—2012）。

（二）全磷

方法：钼酸铵分光光度法；主要仪器：箱式电阻炉、紫外分光光度计；地方标准：《土壤 全磷的测定 流动注射－钼酸铵分光光度法》（DB23/T 1942—2017）。

（三）全钾

方法：氢氧化钠熔融法，即火焰光度计法；主要仪器：箱式电阻炉、原子吸收分光光度计；行业标准：《森林土壤全钾的测定》（LY/T 1234—1999）。

（四）pH

方法：蒸馏水浸提；主要仪器：pH仪。

（五）有机质

方法：重铬酸钾容量法；主要仪器：数显恒温油浴锅；行业标准：《土壤检测 第6部分：土壤有机质的测定》（NY/T 1121.6—2006）。

第二节　TRPF系统输入与输出数据格式

一、输入数据格式

可以直接在软件的输入界面输入数据，即在Excel电子文档中将用户信息记录好，输入TRPF系统软件中，图3-1显示的是用户和土壤样品的基本信息登记表，包括土壤样品编号、登记日期、土壤样品的来源（即采样地点、用户姓名、电话等信息）、测定项目、配方作物、前茬情况等信息。信息的录入可以帮助工作人员了解土壤样品的相关信息，如土壤类型、特点和种植作物的产量、病害等，结合软件自动生成的测土施肥配方为用户提供更加满意的施肥方案和建议。软件数据输入部分还包括土壤养分含量测定值，由三江平原主要作物育种栽培重点实验室科技人员对接收的土壤样品进行化验分析，测定土壤碱解氮、速效钾、速效磷、pH 等项目，将其测定值（图 3-2）输入相应的输入框中，点击作物的配方按钮，即可形成输出文件。

	A	B	C	D	I	J	K
1	黑龙江省农科院佳木斯分院三江平原主要作物育种栽培重点实验室来样登记单 （2012-2013年）						
5	1301007	2013-02-25	砂土	齐齐哈尔、158****3	PH	水稻	前茬水稻、产量8500 kg/hm^2
6	1303008	2013-03-15	土壤	桦川朱家村、王**、136*****62	N、P、K、PH	水稻、大豆	前茬水稻、产量7500 kg/hm^2
7	1303009	2013-03-29	土壤	抚远、田*、138*****9	N、P、K、PH	大豆	前茬大豆，产量：900 kg/hm^2
8	1303010	2013-03-29	土壤	克山古城、尹**、0452-*****	N、P、K、PH	水稻	前茬水稻，产量7500 kg/hm^{2}左右
9	1303011	2013-03-30	土壤	二道河、王**、139*****6	N、P、K、PH	水稻	前茬水稻，产量6000~7500 kg/hm^2
10	1305012	2013-05-06	D066	病理室、丁**、0454-****	N、P、K、PH	马铃薯	
11	1305013	2013-05-06	D072	病理室、丁**、0454-****	N、P、K、PH	马铃薯	
12	1305014	2013-05-06	D112	病理室、丁**、0454-****	N、P、K、PH	马铃薯	
13	1305015	2013-05-15	土壤	绥滨、孙**、159*****1	N、P、K、PH	水稻	产量8500 kg/hm^2
14	1305016	2013-05-19	水稻	桦川县东河乡兴安村,胡**，130***7	N、P、K、PH	水稻	产量7500 kg/hm^2
15	1307017	2013-07-22	旱田土	病理室、丁**、0454-****	N、P、K、PH	水稻	前茬大豆，产量：2500 kg/hm^2
16	1309022	2013-09-06	普通土	双鸭山市大地公司，秦**，159***9	N、P、K、PH	水稻	前茬大豆，产量：2500 kg/hm^2
17	1309023	2013-09-06	砂土	双鸭山市大地公司，秦**，159***9	N、P、K、PH	水稻	产量8000 kg/hm^2

图 3-1 用户和土壤样品的基本信息登记单

二、输出数据格式

软件以 Excel 文件方式将运算中全部结果输出（图 3-3）。输出内容包括标题“土壤化验报告单”，其下注明土壤样品检测中心的单位名称、地址、联系方式等。详细信息如下。

	A	B	C	D	E	F	G	H	I	J
1	土壤速效养分含量									
2	样品编号	解氮含量（mg/kg	磷含量（mg/	钾含量（mg/k	PH值	有机质含量%	全氮含量%	全磷含量%	全钾含量%	导度(ms/cr
396										
397	1301007	251.63	63.00	318.66	8.24					
398										
399	1303008	327.88	171.00	318.92	5.975					
400										
401	1303009	327.88	73.00	578.65	6.58					
402										
403	1303010	110.56	31.00	297.484	6.69					
404										
405	1303011	306.91	37.00	244.272	5.81					
406										
407	1305012	131.53	55.00	157.777	6.385					
408										
409	1305013	226.84	67.00	529.778	8.155					
410										
411	1305014	352.66	48.00	597.909	7.685					
412										
413	1305015	167.75	53.50	198.879	6.43					
414										
415	1305016	183.00	49.00	368.543	6.61					
416										
417	1307017	156.31	57.50	477.728	6.57					
418										
419	1309018	257.34	72.00	193.071	4.91					
420										
421	1309022	80.06	11.00	81.54	6.52					
422										
423	1309023	76.25	7.00	85.10	6.59					
424										
425	1309024	55.28	19.50	111.50	6.61	2.94	0.096	0.137	2.723	

图 3－2　需输入文件——土壤养分含量值

土壤化验报告单

黑龙江省农业科学院 佳木斯分院 三江平原主要作物育种栽培重点实验室 佳木斯市安庆路531号 Tel:0454-8351080;Fax:04548351326

送样单位	桦川东河乡兴安村	送样人	胡**	提交报告日期	2013/5/30
原样本编号	土壤	送样时间	2013/5/19	送样化验编号	1305016

130*****7

分析项目	测定值*	参考标准**					分析项目	测定值*	参考标准**					
		极低	低	中	高	极高			极低	低	中	高	极高	临界值
有机质		<1.00	1.01~3.00	3.01~4.0	4.01~10	>10	铜（Cu）		<0.1	0.1~0.2	0.2~1.0	1~1.8	>1.8	<0.2
%				*			ppm							
pH	6.61	4~5.2	5.2~6.4	6.4~7.5	7.5~8.5	8.5~10	锌（Zn）		<0.3	0.3~0.5	0.5~1.0	1.0~3.0	>3.0	<0.5
(水浸)				*			ppm							
全氮（N）		<0.075	0.076~0.1	0.1~0.15	0.151~0.2	>0.2	铁（Fe）		<2.5	2.5~4.5	4.5~10	10~20	>20	<4.5
%							ppm							
全磷（P）		<0.09	0.09~0.15	0.15~0.25	0.25~0.32	>0.32	锰（Mn）		<1.0	1~5	5~15	15~30	>30	<7.0
%							ppm							
全钾（K）		<1.13	1.13~1.5	1.5~2.0	2.0~2.5	>2.5	硼（B）		<0.2	0.2~0.5	0.5~1	1~2	>2	<0.5
%							ppm							
碱解氮（N）	183.00	<90	90~119	120~149	150~199	>200	钼（Mo）		<0.15	0.15~0.20	0.2~0.25	0.25~0.4	>0.4	<0.15
ppm					*		ppm							
速效磷（P）	49.00	<10	10~19	20~39	40~99	>100	电导度（EC）		<0.3	0.31~0.4	0.41~0.8	0.81~1.0	1.1~1.4	0.4~0.8
ppm					*		mS/cm							
速效钾（K）	368.5	（50	50~99	100~149	150~199	>200								
ppm						*								

建议（仅供参考）：

1.土壤偏碱性，土壤养分含量较丰富。

2.水稻推荐施肥量：

（1）施微肥：①种肥施磷酸二铵20～30kg/hm^2。②分蘖和孕穗期间喷施浓度为0.1%～0.2%的硫酸锌溶液750kg/hm^2，2～3次。

（2）底肥：尿素88kg/hm^2，磷酸二铵92kg/hm^2，氯化钾46kg/hm^2。

（3）尿素追肥：①分蘖肥64kg/hm^2，②穗肥43kg/hm^2。

备注：*仅对来样负责；**参考标准根据黑龙江省土壤含量分级标准制定；ppm：mg/kg。

图 3－3　输出结果

(一)基本信息

报告单上部分显示的是客户信息和土壤样品的基本信息，这些内容即 TRPF 系统输入界面中输入的信息内容，在此不做详细介绍（图 3-4）。

土壤化验报告单					
黑龙江省农业科学院 佳木斯分院 三江平原主要作物育种栽培重点实验室 佳木斯市安庆路269号 Tel:0454-8351080:Fax:04548351326					
送样单位	桦川东河乡兴安村	送样人	胡**	提交报告日期	2013-5-30
原样本编号	土壤	送样时间	2013-5-19	送样化验编号	1305016
130*****7					

图 3-4　输出文件——用户基本信息

(二)分项目及测定值

分析项目	测定值*	分析项目	测定值*
有机质 %		铜(Cu) ppm	
PH (水浸)	6.61	锌(Zn) ppm	
全氮(N) %		铁(Fe) ppm	
全磷(P) %		锰(Mn) ppm	
全钾(K) %		硼(B) ppm	
碱解氮(N) ppm	183.00	钼(Mo) ppm	
速效磷(P) ppm	49.00	电导度(EC) ms/cm	
速效钾(K) ppm	368.54		

图 3-5　输出文件——土壤分析项目及测定值

表格内显示的内容主要有分析项目和测定值（图 3-5）。分析项目包括土壤碱解氮（mg/kg）、速效磷（mg/kg）、速效钾（mg/kg）、pH、全氮（%）、全磷（%）、全钾（%）、有机质（%），及一些中微量元素铜（mg/kg）、锌（mg/kg）、铁（mg/kg）、锰（mg/kg）、硼（mg/kg）、钼（mg/kg）和电导度（mS/cm）。为用户提供施肥配方时，目前只需对前4项进行测定（mS/cm是电导度的单位，即毫西门子/厘米）。测定值，即前面输入界面输入的内容。

（三）参考标准

将黑龙江省对土壤肥力等级的划分作为参考标准，分为极低、低、中、高、极高5个等级（图3-6）。

（四）施肥建议

图3-7显示的是由TRPF系统软件生成的施肥配方，包括尿素、磷酸二铵、氯化钾及相应中微肥的最佳施肥方案并标注“建议仅供参考”。“备注”栏标明：*仅对来样负责，**参考标准根据黑龙江省土壤含量分级标准制定。由TRPF系统软件自动生成的测土施肥配方，可以通过打印机打印或以Excel形式保存电子版。

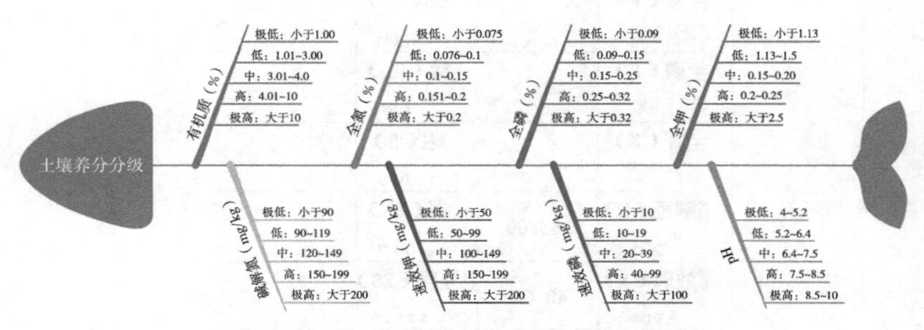

图3-6　壤养分分级参考标准

建议（仅供参考）：
1.土壤偏碱性，土壤养分含量较丰富。
2.水稻推荐施肥量：
（1）施微肥：①种肥施磷酸二铵20～30kg/hm^2。②分蘖和孕穗期间喷施浓度为0.1%～0.2%的硫酸锌溶液750kg/hm^2，2～3次。
（2）底肥：尿素88kg/hm^2，磷酸二铵92kg/hm^2，氯化钾46kg/hm^2。
（3）尿素追肥：①分蘖肥64kg/hm^2，②穗肥43kg/hm^2。

备注：*仅对来样负责；**参考标准根据黑龙江省土壤含量分级标准制定；ppm：mg/kg。

图3-7　输出文件——施肥建议

第三节　软件操作

想要进行一次运算，应该按照以下的操作流程进行：进入TRPF 系统首先显示的是登录界面（图 3－8），输入用户名及密码，进入介绍界面。介绍界面是滚动屏设置，介绍软件基本信息，点击“测土配方施肥系统”按钮，登录到主界面（图 3－9）。在主界面中选择作物种类，输入用户基本信息（图 3－10），输入土壤养分参数（图 3－11），选择目标产量（图 3－12）。点击相应的“配方”按钮，由软件自动生成测土施肥配方，以 Excel 形式保存（图 3－13），并打印纸质版推荐配方。选择肥料计算界面，在界面输入参数，点击“转换”按钮，显示结果。选择肥料混配界面，选择肥料种类，点击“肥料混配”按钮，显示结果。

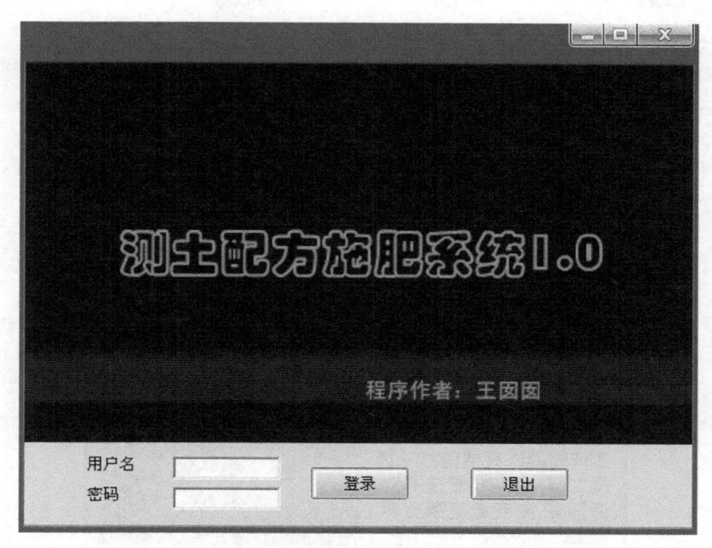

图 3－8　输入用户名和密码

图 3-9　TRPF 系统的介绍界面

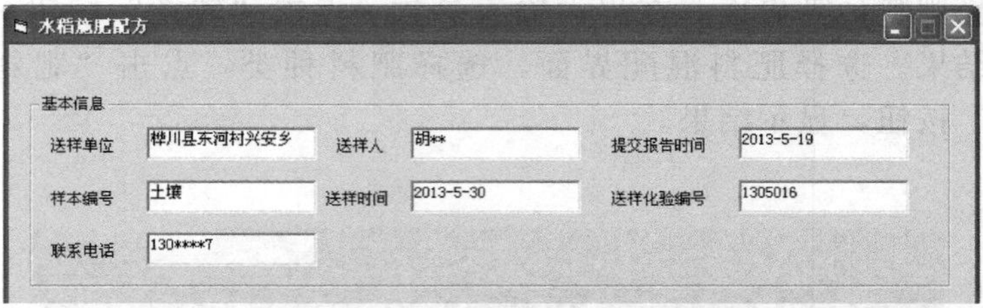

水稻施肥配方

基本信息

送样单位 桦川县东河村兴安乡　送样人 胡**　提交报告时间 2013-5-19

样本编号 土壤　送样时间 2013-5-30　送样化验编号 1305016

联系电话 130****7

图 3-10　选择需要施肥配方的作物并输入用户基本信息

图 3-11　输入土壤养分参数

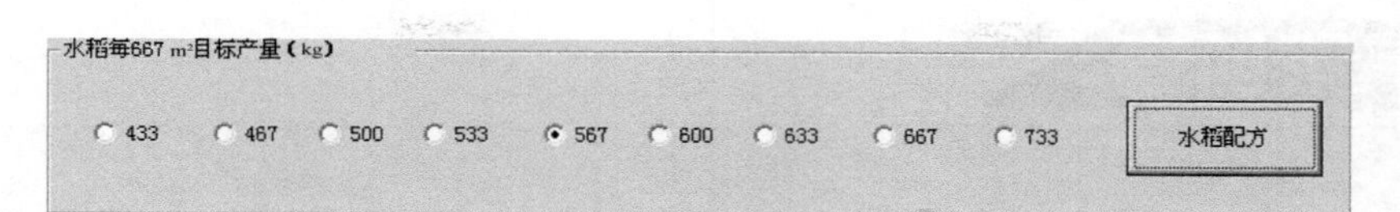

图 3－12　点击“水稻配方”按钮

土壤化验报告单

黑龙江省农业科学院 佳木斯分院 三江平原主要作物育种栽培重点实验室 佳木斯市安庆路531号 Tel:0454-8351080;Fax:04548351326

送样单位	桦川东河乡兴安村	送样人	胡**	提交报告日期	2013-05-30
原样本编号	土壤	送样时间	2013-05-19	送样化验编号	1305016

130******7

分析项目	测定值*	参考标准**					分析项目	测定值*	参考标准**					
		极低	低	中	高	极高			极低	低	中	高	极高	临界值
有机质		<1.00	1.01~3.00	3.01~4.0	4.01~10	>10	铜（Cu）		<0.1	0.1~0.2	0.2~1.0	1~1.8	>1.8	<0.2
%				*			ppm							
pH	6.61	4~5.2	5.2~6.4	6.4~7.5	7.5~8.5	8.5~10	锌（Zn）		<0.3	0.3~0.5	0.5~1.0	1.0~3.0	>3.0	<0.5
(水浸)				*			ppm							
全氮（N）		<0.075	0.076~0.1	0.1~0.15	0.151~0.2	>0.2	铁（Fe）		<2.5	2.5~4.5	4.5~10	10~20	>20	<4.5
%							ppm							
全磷（P）		<0.09	0.09~0.15	0.15~0.25	0.25~0.32	>0.32	锰（Mn）		<1.0	1~5	5~15	15~30	>30	<7.0
%							ppm							
全钾（K）		<1.13	1.13~1.5	1.5~2.0	2.0~2.5	>2.5	硼（B）		<0.2	0.2~0.5	0.5~1	1~2	>2	<0.5
%							ppm							
碱解氮（N）	183.00	<90	90~119	120~149	150~199	>200	钼（Mo）		<0.15	0.15~0.20	0.2~0.25	0.25~0.4	>0.4	<0.15
ppm					*		ppm							
速效磷（P）	49.00	<10	10~19	20~39	40~99	>100	电导度（EC）		<0.3	0.31~0.4	0.41~0.8	0.81~1.0	1.1~1.4	0.4~0.8
ppm					*		mS/cm							
速效钾（K）	368.5	(50	50~99	100~149	150~199	>200								
ppm						*								

建议（仅供参考）：

1.土壤偏碱性，土壤养分含量较丰富。

2.水稻推荐施肥量：

（1）施微肥：①种肥施磷酸二铵20～30kg/hm^2。②分蘖和孕穗期间喷施浓度为0.1%～0.2%的硫酸锌溶液750kg/hm^2，2～3次。

（2）底肥：尿素88kg/hm^2，磷酸二铵92kg/hm^2，氯化钾46kg/hm^2。

（3）尿素追肥：①分蘖肥64kg/hm^2，②穗肥43kg/hm^2。

备注:*仅对来样负责；**参考标准根据黑龙江省土壤含量分级标准制定：ppm：mg/kg。

图 3－13　输出的 Excel 文件点击保存或打印

第四章

智慧农业——变量施肥系统概述

第一节 变量施肥

一、变量施肥简介

变量施肥是指根据土壤肥力、作物所需养分和目标产量等因素，精确调整施肥量和施肥位置的一种施肥技术。变量施肥的原理：实时监测土壤养分含量和作物生长状况，利用传感器、卫星遥感、地理信息系统等技术手段，获取农田内不同区域的土壤肥力差异信息，并根据作物的养分需求，精确计算每个区域所需的肥料量，然后通过变量施肥设备进行精准施肥。变量施肥的优点：①提高肥料利用率。根据土壤肥力和作物需求进行精准施肥，可避免肥料的过度施用和浪费，提高肥料利用率，减少对环境的污染。②增加作物产量。精确满足作物的养分需求，有助于提高作物的生长和发育，增加作物产量。③节约成本。合理使用肥料，减少了肥料的投入成本。④保护环境。减少了肥料的流失和对土壤、水源的污染，有利于保护生态环境。

二、变量施肥的基本原理

变量施肥的基本原理是根据作物的养分吸收量与土壤和肥料供应的养分数量之间的平衡关系来确定施肥量。其计算公式为：肥料需要量＝（目标产量×单位产量养分吸收量－土壤供肥量）/（肥料中养分含量×肥料当季利用率）。其中：目标产量是根据种植的作物和预期产量来确定的；单位产量养分吸收量是指每生产单位产量的作物所需吸收的养分量；土壤供肥量可以通过土壤检测或根据以往的种植经验来估算；肥料中养分含量是指所使用肥料中特定养分的含量；肥料当季利用率则是指肥料在当季被作物吸收利用的比例。通过这个公式，可以计算出达到目标产量所需要补充的肥料量。在实际应用中，还需要考虑土壤质地、酸碱度、有机质含量等因素，以及作物的生长阶段、养分需求特点和作物产量热图，从而对施肥量进行适当调整。同时，也可以结合土壤测试和作物营养诊断等方法，进一步优化施肥方案，提高施肥的精准性和效果。

第二节 变量施肥系统软件和硬件的研发

一、变量施肥系统软件的研发

变量施肥系统的软件设计主要包括以下几个模块。

（一）数据采集与处理模块

负责实时获取土壤传感器数据、GPS 定位信息等，对这些数据进行清洗、转换和存储，确保数据的准确性和完整性。

（二）土壤肥力分析模块

运用算法对采集到的土壤肥力数据进行分析，判断不同区域的肥力状况，为施肥决策提供依据。

（三）作物需求模型模块

基于作物的生长阶段和特性，建立作物对养分的需求模型，计算出特定区域作物所需的肥料种类和施用量。

（四）施肥策略制定模块

综合土壤肥力分析结果和作物需求，制订出个性化的施肥策略，包括每个区域的具体施肥量和施肥时间。

（五）控制指令生成模块

根据施肥策略生成相应的控制指令，以便准确地控制施肥设备的动作。

（六）用户界面模块

设计友好、直观的用户界面，方便用户进行系统设置、查看数据、监测施肥过程等操作。

（七）数据库管理模块

用于存储各种数据，如土壤数据、作物数据、施肥记录等，以便进行数据查询、统计和分析。

（八）通信模块

确保软件与硬件设备之间能够稳定、高效地通信，实时传输数据和指令。

（九）安全与权限管理模块

保障系统的安全性和数据的保密性，对不同用户设置不同的权限级别。在设计过程中，要注重软件的稳定性、可靠性和可扩展性，以适应不同的应用场景和需求变化。同时，要不断进行优化和测试，提高软件的性能和用户体验。

二、变量施肥系统硬件的研发

变量施肥系统硬件设计主要包含以下一些关键部分。

（一）传感器模块

包括土壤养分传感器（如氮、磷、钾等含量传感器）、土壤质地传感器、GPS 定位传感器等，用于采集土壤信息和位置数据。

（二）中央处理器（CPU）

作为系统的核心，负责数据处理、运算和控制指令的生成。

（三）数据存储模块

如内存卡或硬盘，用于存储采集到的大量土壤数据和系统设置等信息。

（四）通信模块

实现与其他设备或云端的数据传输，如蓝牙模块、无线模块等。

（五）施肥设备控制模块

与施肥设备连接，精确控制施肥设备的开关、施肥量调节等操作。

（六）显示模块

如显示屏，用于显示系统状态、数据信息等，方便操作人员查看。

（七）电源模块

为整个系统提供稳定的电力支持。

（八）机械结构部分

包含肥料储存容器、输送管道、喷头或撒肥器等，确保肥料能够准确地施加到相应区域。

（九）防护外壳

对硬件设备起到保护作用，适应田间复杂的环境条件。

在设计硬件时，要考虑稳定性、抗干扰性、耐用性等因素，同时要根据实际应用场景和需求进行合理的选型和布局设计，以保障系统的高效运行。

第三节 变量施肥技术实施步骤

变量施肥技术需要专业的设备和技术支持，同时也需要确定施肥量的变量施肥软件系统（图4-1）。在实际应用中，可以根据具体情况选择合适的变量施肥技术和方法，以实现最佳的施肥效果和经济效益。变量施肥技术将农田划分为均匀的网格，通过对每个网格内土壤养分和作物产量需求的分析，利用变量施肥软件计算施肥量，实现精准施肥。具体来说包括以下步骤。

一、变量施肥方案实施

（一）建立网格地图

利用地理信息系统等工具构建农田网格地图，标注每个网格的土壤特性。首先，采用网格布点法均匀划分种植区域，确定要划分区域的边界和所需的网格大小。网格宽度是施肥机械的施肥宽度或施肥宽度的倍数，将决定网格的行数和列数。使用适当的算法或工具，计算出区域内的行数、列数、总网格数量、每行的

图 4-1　变量施肥系统登录界面

宽度和每列的宽度等网格属性。其次，给定 GPS 坐标，获取要转换为网格坐标的 GPS 坐标。最后计算网格 ID，将 GPS 坐标转换为对应的网格 ID。

（二）土壤肥力划分

为了更准确地评价土壤肥力，还需要考虑土壤的物理、化学和生物学特性，以及不同作物对土壤肥力的需求。同时，土壤肥力等级的划分也应该根据具体的土壤类型、种植作物和管理措施等因素进行调整，以确保评价结果的客观性、可靠性和实用性。

（三）土壤采样与分析

采用网格布点法采集土壤样品，检测土壤中的养分含量、质地等信息；或通过田间网格化布点，利用土壤传感器，高分率遥感卫星，无人机高光谱、多光谱成像技术，确定土壤养分含量。遥感技术是利用遥感卫星，获取大范围的土壤信息，包括土壤湿度、植被覆盖等。该技术可对大面积的土壤进行非接触式的观测和数据采集，并可快速获取土壤的光谱特征信息，从而分析土壤的理化性质，比如，利用特定光谱波段估算土壤有机质含量、土壤氮磷钾含量等。土壤传感器是一种用于监测土壤相关参数的重要设备。它可以实时测量土壤中的多种关键信息，比如，土壤湿度、土壤温度、土壤酸碱度（pH）、土壤养分含量（如氮、磷、钾等元素的含量），有助于合理施肥。将感知数据与室内化验分析数据进行反复校正、拟合，为实现精准性，根据不同网格土壤质量和养分等相关参数进行调整和校正。利用训练好的模型，预测土壤的特性或状态，同时根据土壤地力等级划分标准，将测定的土壤养分含量值对应的等级输入对应网格，生成不同养分分布图。

（四）作物产量需求评估

根据种植作物的品种和生长阶段，确定其养分需求规律。

（五）设定施肥目标

结合土壤特性和作物需求，为每个网格设定合理的施肥目标。目标产量的获取包括网格布点法和定点小面积测产两种方法。利用收获机械导出的产量热图获取产量。

（六）肥料配方计算

依据产量目标和土壤养分状况，通过变量施肥软件确定氮磷钾肥料的用量（图 4-2）。根据养分平衡原理，所需养分是由土壤本身和人为施肥两方面提供的，在一定目标产量下所需养分量是一定的，明确了从土壤中吸收的养分数量，就可以计算出每个网格所需的具体肥料配方和用量（图 4-3）。

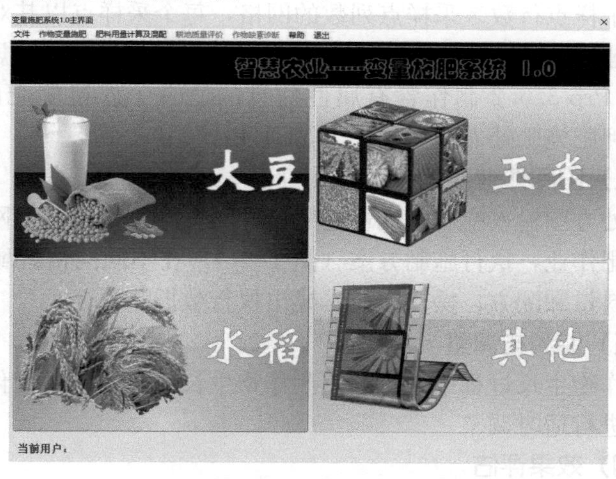

图 4-2　变量施肥系统主界面

图 4-3　施肥方案

二、变量施肥的执行

（一）变量施肥设备调试

确保施肥设备能够根据网格信息精确调整肥料输出。利用变量施肥系统制订施肥方案，根据种植区域大小和采样点数量建立一个大小为采样点行数×采样点列数的网格，每个采样点以其对应的网格中心坐标为该点的坐标，结合每个采样点的配方数据，使用 ArcGIS Pro 3.0.2 制作含有属性信息的适宜于农机施肥的氮肥、磷肥、钾肥施肥处方图。文件为 SHP 格式。

（二）田间作业实施

将处方图输入配套的变量施肥机，驾驶施肥设备按照网格地图进行施肥作业，执行施肥方案（图 4-4），在不同网格区域施加相应的肥料量和配方；操作完成，导出执行数据。

（三）监测与调整

在作物生长过程中，持续监测作物生长状况和土壤变化，对施肥方案进行适时调整。

（四）效果评估

收获后，评估不同网格区域的作物产量、品质等，分析变量施肥的实施效果，为后续改进提供依据。

图 4-4　施肥机执行变量施肥现场

第五章

作物与土壤营养诊断

第一节　作物与土壤缺素

作物与土壤缺素诊断是指通过各种方法判断土壤中是否缺乏某些对植物生长至关重要的营养元素。常见的诊断方法包括以下几种。

（一）形态诊断

观察植物的生长形态、颜色、叶片等表现来推测可能缺乏的元素。例如，缺氮时植株矮小、叶片发黄；缺磷时叶片暗绿、生长迟缓等。

（二）土壤化学分析

对土壤样本进行化学检测，测定各种营养元素的含量，直接了解土壤中元素的丰缺情况。

（三）植株分析

检测植物体内特定元素的含量，与正常范围进行比较，以判断是否缺素。

（四）田间试验

通过设置不同施肥处理的小区进行对比试验，观察植物的生长反应来确定缺素情况。

（五）酶活性测定

某些元素的缺乏会影响相关酶的活性，通过测定酶活性变化也可辅助诊断。准确的土壤缺素诊断对于合理施肥、改善土壤肥力、促进植物生长和提高农业生产效益具有重要意义。它能帮助农民或相关人员有针对性地补充作物生长缺乏的元素，避免盲目施肥造成资源浪费和环境污染。

土壤和肥料是作物生长所需元素的主要来源。除了前面提到的各种元素缺乏的表现外，还需要注意以下几点：①准确诊断缺素类型，避免误判导致的错误补救措施。②注意不同作物对元素的需求和敏感程度不同，比如豆科作物对钼较为敏感。③在补救时考虑土壤质地和理化性质等因素对元素有效性的影响。④不能单纯依赖施肥补救，还要注重土壤改良、合理轮作、科学灌溉等综合管理措施，以创造有利于作物吸收养分的环境。⑤注意施肥的时期和方法，比如，有些元素在特定生长阶段补充效果更好，且要避免施肥过量造成肥害。⑥长期监测土壤肥力和作物营养状况，以便及时调整管理策略，保持作物的良好生长态势。

第二节　作物缺素诊断的设计思路

首先，确定需要诊断的作物种类及其常见的缺素症状表现。收集大量该作物在不同缺素情况下的特征图片、数据等资料（图 5－1）。建立一个症状数据库，详细记录各种元素缺乏时的典型外观症状、生长异常表现等。设计数据采集模块，通过实地观察、拍照等方式获取作物的生长状况信息，包括植株整体形态、叶片颜色、形状等。开发图像识别和分析系统，以便将采集到的作物图像与症状数据库进行对比分析，提取关键特征进行匹配。同时，结合土壤检测数据，了解土壤中各元素的含量情况，辅助判断作物缺素的可能性。设置专家诊断模块，当系统分析存在不确定性时，可以邀请农业专家进行进一步的诊断和确认。还可以设计反馈机制，根据诊断结果和后续作物生长情况进行验证和优化，不断完善诊断系统的准确性和可靠性。建立用户交互界面，方便用户输入作物信息、上传图像等操作，并能清晰展示诊断结果和建议措施。另外，考虑与智能农业设备或系统进行集成，实现实时监测和诊断，及时采取相应措施。

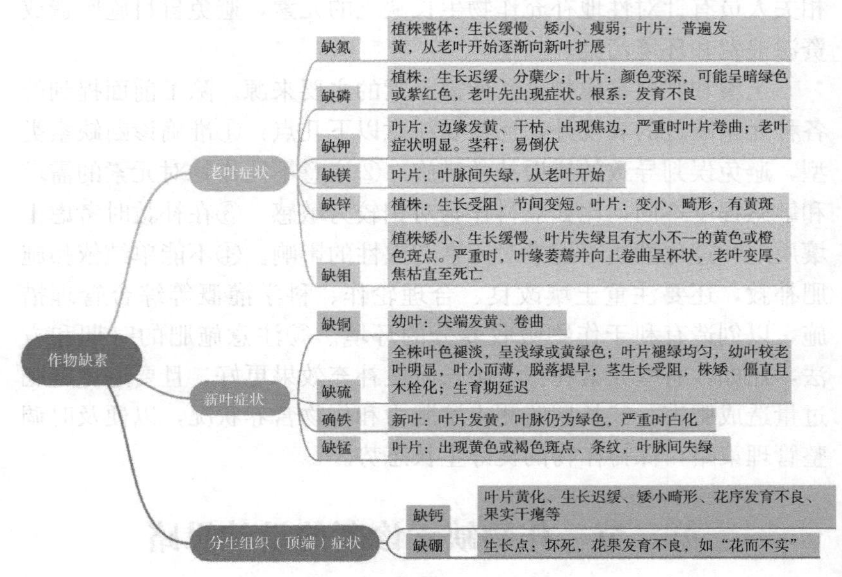

图 5-1　作物缺素思维导图

第三节　作物氮素饱和指数追肥

氮营养指数（NNI）是用来相对准确地判定作物体内氮营养状况的一个指标，具体是指作物地上部植株实际的氮浓度与临界氮浓度的比值。简单地说，就是评价作物氮营养是处于正常、不良还是过剩状态。临界氮浓度是指获得最大地上部生物量所需的最低氮浓度值，它是根据氮浓度稀释模型计算出来的。如果 $NNI=1$，表示此时植物处于氮营养水平的最佳状态；如果 NNI 小于 1，表示植株氮营养不良，缺少氮素；如果 NNI 大于 1，表示植株体内氮营养过剩，对氮奢侈吸收。作物氮素饱和指数的优点：①提供营养状况信息。帮助农民或种植者了解作物的氮素营养状况，判断是否存在氮素缺乏或过剩。②指导施肥决策。根据氮素饱和指数，合理调整氮肥的施用量和施肥时间，提高氮肥利用效率，减少氮肥的浪费和环境污染。③优化作物生长。确保作物获得适量的氮素供应，促进作物的正常生长和发育，提高作物产量和品质。然而，作物氮素饱和指数也存在一些缺点：①测定成本较高。测定作物氮素饱和指数需要专业的设备和技术，成本较高，限制了其在一些地区或小规模农业中的广泛应用。②时效性问题。氮素饱和指数反映的是某一时刻作物的氮素营养状况，但作物的氮素需求会随生长阶段和环境条件的变化而变化，因此需要定期测定以获取准确信息。③受其他因素影响。作物氮素饱和指数可能受到土壤质地、水分状况、温度等因素的影响，因此在应用时需要综合考虑这些因素。综上所述，作物氮素饱和指数是一种有用的工具，但在使用时需要注意其局限性，并结合其他土壤测试和作物生长监测方法，以制订更科学合理的施肥计划。同时，随着技术的不断进步，未来可能会出现更简便、准确的氮素营养诊断方法，进一步提高农业生产的效率和可持续性。

近年来，随着水稻单产的连年增长，氮肥的用量也逐年增加，氮肥的大量生产不但增加了能源消耗和水体及环境的污染，还增加了种植者的生产成本。水稻的实时氮素营养诊断对于保证水稻产量和降低生产成本尤为重要。水稻氮素饱和指数是指水稻地上部植株实际的氮浓度与临界氮浓度的比值。它可以用来相对准确地判定水稻体内氮营养状况，为水稻生产中氮素营养诊断提供技术支撑。水稻氮素饱和指数追肥软件的设计思路主要包括以下几个方面：①确定临界氮浓度。临界氮浓度是指获得最大地上部生物量所需的最低氮浓度值，可以通过氮浓度稀释模型计算得出。水稻氮素饱和指数追肥模型（图 5-2）考虑了水稻的生长阶段、品种特性和环境因素等。②测量实际氮浓度。实际氮浓度是指水稻植株地上部实际含有的氮浓度。可以通过化学分析方法，如凯氏定氮法或光谱分析法，测定水稻植株样品中的氮含量。③计算氮素饱和指数。将实际氮浓度除以临界氮浓度，即可得到水稻氮素饱和指数。该指数反映了水稻植株氮营养的相对状况，其值为 1 时表示氮营养处于最佳状态，小于 1 表示氮营养不良，大于 1 表示氮营养过剩。氮素饱和指数可以作为评估水稻氮营养状况的指标，帮助农民或农业专家制订合理的氮肥管理策略。通过以上设计思路，可以利用水稻氮素饱和指数来相对准确地判定水稻体内氮营养状况，为水稻生产中的氮素营养诊断和氮肥管理提供科学依据。同时，还可以结合其他土壤测试和作物生长监测方法，进一步优化氮肥的使用，提高水稻的产量和品质，同时减少对环境的影响。

图 5-2　水稻氮素饱和指数追肥系统主界面

以玉米为例，氮素饱和指数是在同一地块被测氮素小区 SPAD 与氮素饱和小区（高氮区）SPAD 的比值。近年来关于 SPAD 与玉米叶片叶绿素含量、植株氮素含量和产量相关性研究报道较多，但玉米的生长环境、品种以及病虫草害等因素对玉米叶片 SPAD 影响较大。因此，在诊断玉米氮素丰缺及追肥时，可以利用氮素饱和指数的方法来消除这些影响。前人研究表明，氮素饱和指数与玉米氮素营养有较好的相关性，可以利用氮素饱和指数指导玉米氮素管理。根据玉米需肥特点，首先应用测土配方施肥软件计算具体地块种植玉米的施肥量，然后建立不同梯度的高氮区，在玉米大喇叭口期、吐丝期、灌浆期、乳熟期和蜡熟期实时监测玉米叶片 SPAD，计算玉米氮素饱和指数，通过玉米氮素饱和指数比值进行追肥，从而保证玉米产量并提高肥料利用率。

第四节　土传病害

一、土壤土传病害

土壤土传病害是一类严重影响作物生长和产量的病害，主要由土壤中的病原，如真菌、细菌、线虫等侵染作物根部或茎基部引

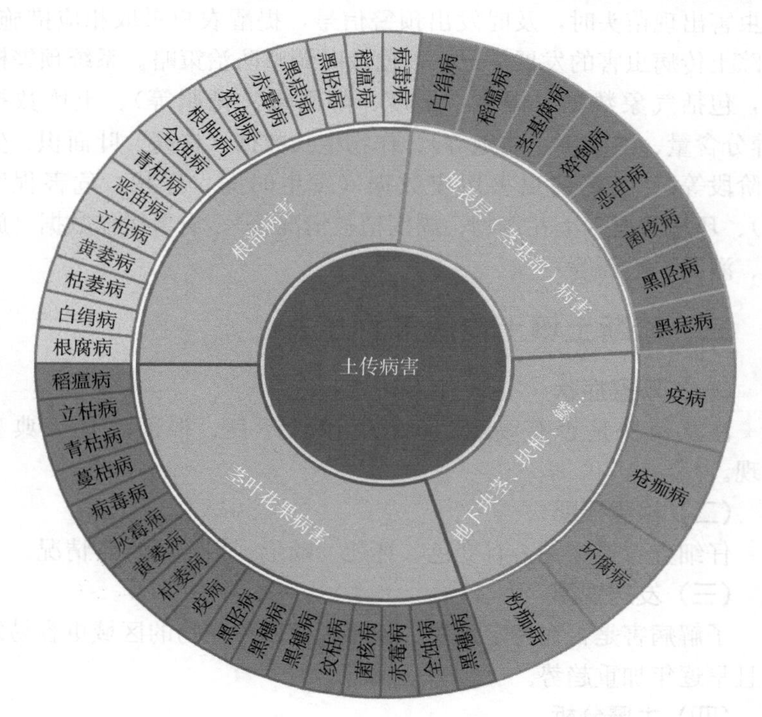

图 5 - 3　土传病害分类

起。这些病害具有以下特点：发病较为隐蔽，早期不易察觉；病原能在土壤中长期存活和积累，难以根除；通常在连作地块发生更为严重；会随土壤、水流、农事操作等传播；对作物造成的危害较大，可导致减产甚至绝收。常见的防控措施包括轮作倒茬、土壤消毒、选用抗病品种、合理施肥浇水、加强田间管理等，应通过综合手段来减少土传病害的发生和危害。

二、模型预测土传病害

利用传感器等设备持续监测土壤和作物的状况。对监测到的数据进行深度分析，发现异常变化。结合历史数据和土传病虫害发生规律（图 5－3），运用模型预测土传病虫害发生的可能性。在土传病虫害出现苗头时，及时发出预警信号，提醒农户采取相应措施。跟踪土传病虫害的发展情况，以便及时调整防治策略。系统预警模型，包括气象数据（温度、湿度、降雨量、光照等）、土壤数据（养分含量、酸碱度、质地等）、作物生长数据（株高、叶面积、生长阶段等）、土传病虫害历史数据（发生时间、症状、危害程度等）、环境数据（上茬作物、周围植被情况等）、农事操作数据（施肥、灌溉、喷药等）。

三、诊断土壤土传病害的方法

（一）观察症状

注意植株是否有萎蔫、黄化、生长不良、根部腐烂等典型表现。

（二）检查根部

仔细查看根系是否有变色、坏死、畸形、根结等异常情况。

（三）发病规律

了解病害是否在特定地块、连年种植同种作物的区域更容易发生且呈逐年加重趋势。

（四）土壤分析

检测土壤中可能存在的病原数量等。

（五）对比分析

与健康植株进行对比，分析差异。

（六）实验室检测

通过对病株样本进行病原分离培养、鉴定等实验室手段，确定具体的病原种类。

第五节　土壤 pH 对营养元素活性的影响

当土壤 pH 较低（酸性）时，磷的有效性会降低，因为在酸性条件下，磷容易与铁、铝等结合形成难溶性化合物。钾、钙、镁等阳离子的有效性也会受到一定影响，其溶解度可能会降低。微量元素如钼的有效性降低。当土壤 pH 较高（碱性）时，铁、锰、锌、铜等微量元素的有效性会降低，易形成难溶性氢氧化物沉淀。磷的有效性可能会有所提高。适宜的土壤 pH 范围有利于各种营养元素保持较为适宜的活性状态，从而更好地被植物吸收利用。不同的植物对土壤 pH 的适应范围不同，也会影响对营养元素的吸收。

第六节　土壤肥力评价

土壤肥力等级的划分可以采用单项指标分级和多项指标综合评价分级的方法。单项指标分级是根据某个特定的土壤特性来划分肥力等级，如土壤有机质含量、氮磷钾含量等。多项指标综合评价分级则是综合考虑多个土壤特性，通过评分法、分等法或字母组合法等方式进行分级。目前，对土壤肥力的定量评价大多采用综合指数的思路，即兼顾土壤肥力的各项指标，利用数学方法，计算出土壤肥力的综合得分值。在综合评价过程中，各指标权重的确定直接影响到评价结果的准确性。土壤肥力评价包括主成分分析法、聚类分析法、因子分析法、内梅罗指数法、专家打分法、模糊数学法、评价因子加权综合法等。

一、主成分分析法

主成分分析法是一种常用的多元统计分析方法，它可以将多个相关变量转化为少数几个互不相关的综合指标，即主成分。这些主成分能够反映原始变量的大部分信息，同时又比原始变量更具有代表性和可解释性。在土壤肥力评价中，主成分分析法可以用来筛选出对土壤肥力影响较大的因素，并对土壤肥力进行综合评价。具体步骤如下：

（一）数据标准化

对原始数据进行标准化处理，使其均值为0，标准差为1，以消除不同变量之间的量纲差异。

（二）计算相关系数矩阵

计算标准化后数据的相关系数矩阵，以反映变量之间的相关性。

（三）确定主成分个数

根据相关系数矩阵的特征值和累计贡献率，确定主成分的个数。通常，保留累计贡献率达到一定阈值（如80%或85%）的主成分。

（四）计算主成分载荷

计算每个主成分在原始变量上的载荷，即主成分与原始变量之间的线性关系。

（五）计算主成分得分

根据主成分载荷，计算每个样本在各个主成分上的得分。

（六）计算综合得分

将每个样本在各个主成分上的得分加权求和，得到综合得分，以评价土壤肥力的综合水平。通过主成分分析法，可以将多个土壤肥力指标综合为少数几个主成分，从而简化评价过程，减少评价指标之间的相关性和重叠性。同时，主成分分析法还可以根据主成分得分和综合得分，对不同土壤样本的肥力水平进行比较和排序，为土壤肥力管理和改良提供科学依据。

二、聚类分析法

聚类分析法在土壤肥力评价中是一种有效的手段。其基本过程：首先，选取一系列与土壤肥力相关的指标，如有机质含量、氮磷钾含量、土壤质地、pH等。然后，将各个样本的这些指标数据进行整理。接下来，通过特定的聚类算法（如层次聚类法、K-Means聚类法等），根据这些指标的相似性或差异性，将土壤样本自动划分为不同的类别或簇。这样做的好处是能够直观地将具有相似肥力特征的土壤归为一类，从而帮助工作人员更好地了解土壤肥力的分布格局和特点。工作人员可以对不同的聚类结果进行分析和解读，进一步明确不同类别土壤的肥力状况以及需要采取的相应管理措施，为精准的土壤改良和农业生产规划提供依据。

三、因子分析法

因子分析法在土壤肥力评价中具有重要作用。大致步骤：首先，确定参与分析的一系列土壤肥力评价指标，如各种养分含量、物理性质等。然后，对这些指标的数据进行收集和整理。接着，通过因子分析计算，找出隐藏在众多原始指标背后的公共因子。这些公共因子可以概括和解释大部分原始指标的信息。分析得到公共因子后，可以进一步解释这些因子的实际意义，比如，某个因子可能主要代表养分供应能力，另一个因子可能代表土壤物理结构状况等。通过因子得分，可以对各个样本在不同公共因子上的表现进行量化评估，从而综合了解土壤肥力在不同方面的特征。因子分析法能有效减少指标数量，使评价过程更简洁明了，同时能更深入地揭示土壤肥力的内在结构和特征，为科学评价和合理利用土壤资源提供有力支持。

四、内梅罗指数法

内梅罗指数法是一种常用的土壤肥力评价方法，它综合考虑了多个土壤肥力指标，通过计算综合指数来评价土壤肥力。以下为其具体步骤。

（一）选取评价指标

选择与土壤肥力相关的多个指标，如有机质含量、氮磷钾含量、土壤质地、pH 等。

（二）确定指标权重

根据各指标对土壤肥力的重要性，确定相应的权重。

（三）数据标准化

将各指标的实测值进行标准化处理，使其具有可比性。

（四）计算单项指标评分

根据标准化后的数据，计算每个指标的评分。

（五）计算综合指数

将各单项指标评分乘以相应的权重后相加，得到综合指数。

（六）评价土壤肥力

根据综合指数，对土壤肥力进行评价。内梅罗指数法的优点是能够综合考虑多个指标，评价结果较为全面；缺点是权重的确定具有主观性，可能会影响评价结果的准确性。在实际应用中，应根据具体情况选择合适的评价指标和权重，并结合其他评价方法进行综合分析，以提高土壤肥力评价的准确性和可靠性。

五、专家打分法

专家打分法是一种常用的土壤肥力评价方法。它是通过专家对土壤的各项肥力指标进行评分，然后综合这些评分来评价土壤肥力。以下是专家打分法的一般步骤。

（一）选择专家

选择具有相关专业知识和经验的专家，从而能够对土壤肥力进行准确的评价。

（二）确定评价指标

确定用于评价土壤肥力的指标。这些指标可以包括土壤的物理、化学和生物学性质等方面。

（三）制定评分标准

为每个评价指标制定详细的评分标准，以便专家能够根据这些标准进行评分。

（四）专家评分

专家根据评分标准对每个土壤样品的各项指标进行评分。

（五）综合评价

将专家的评分进行综合，得到每个土壤样品的综合肥力评分。

（六）结果解释

对综合肥力评分进行解释，说明土壤肥力的高低和特点。专家打分法的优点是简单易行，能够快速得到土壤肥力的评价结果。同时，专家的专业知识和经验可以保证评价结果的准确性和可靠性。然而，该方法也存在一定的主观性，不同专家的评分可能会存在差异。

六、模糊数学法

土壤肥力评价的模糊数学方法是一种将模糊数学理论应用于土壤肥力评价的方法。它通过建立模糊关系矩阵，将土壤肥力的各个指标与评价等级之间的关系进行模糊化处理，从而得到一个综合的评价结果。以下是一般的土壤肥力评价模糊数学方法的步骤。

（一）确定评价指标

选择与土壤肥力相关的指标，如有机质含量、氮磷钾含量、pH等。

（二）建立评价等级

将土壤肥力划分为不同的等级，如高肥力、中肥力、低肥力等。

（三）确定指标权重

根据各指标对土壤肥力的重要性，确定它们的权重。

（四）收集数据

对评价区域的土壤进行采样和分析，获取各指标的数值。

（五）建立模糊关系矩阵

根据指标数值和评价等级，建立模糊关系矩阵，描述各指标与评价等级之间的模糊关系。

（六）进行模糊综合评价

利用模糊数学的运算方法，对模糊关系矩阵进行综合运算，得到土壤肥力的综合评价结果。

（七）结果解释

根据综合评价结果，确定土壤肥力的等级，并对评价结果进行解释和分析。

模糊数学方法在土壤肥力评价中具有以下优点：①能够处理模糊性和不确定性。土壤肥力的评价往往受到多种因素的影响，这些因素之间的关系可能是模糊的。模糊数学方法可以将这种模糊性和不确定性进行量化和处理，得到更符合实际情况的评价结果。②综合考虑多个指标。该方法可以将多个评价指标综合考虑，避免单一指标评价的局限性。③结果更具客观性。通过建立模糊关系矩阵和进行模糊运算，可以减少人为因素的干扰，使评价结果更具客观性。然而，模糊数学方法也存在一些局限性。例如：①指标权重的确定可能具有主观性。在确定指标权重时，可能需要依赖专家的经验和判断，这可能会导致一定的主观性。②对数据的要求较高。该方法需要大量的土壤样本数据进行分析，以建立准确的模糊关系矩阵。如果数据量不足或数据质量不高，可能会影响评价结果的准确性。在实际应用中，可以结合其他土壤肥力评价方法，如主成分分析、聚类分析等，以提高评价结果的可靠性和准确性。同时，还可以根据具体情况对模糊数学方法进行适当的改进和优化，以更好地适应不同的土壤肥力评价需求。

七、评价因子加权综合法

土壤肥力评价因子加权综合法是一种常用的土壤肥力评价方法。该方法的基本思路是选取多个与土壤肥力相关的评价因子，如土壤有机质含量、氮磷钾含量、pH 等，并根据各因子对土壤肥力的重要性程度赋予相应的权重，然后通过加权求和的方式计算得到土壤肥力的综合评价值。以下为其具体步骤。

（一）选取评价因子

根据研究区域的土壤特点和评价目的，选取合适的土壤肥力评价因子。

（二）确定因子权重

采用层次分析法、德尔菲法等方法确定各评价因子的权重。

（三）数据标准化处理

对各评价因子的数据进行标准化处理，使其具有可比性。

（四）计算综合评价值

根据各因子的权重和标准化后的数据，计算得到土壤肥力的综合评价值。

（五）评价结果分析

根据综合评价值，对土壤肥力进行评价和分级。因子加权综合法的优点是能够综合考虑多个评价因子的影响，评价结果较为全面和客观。但该方法也存在一些局限性，如，因子权重的确定具有主观性，评价结果可能受到数据质量和评价因子选取的影响等。因此，在实际应用中，需要结合其他评价方法进行综合分析，以提高评价结果的准确性和可靠性。

在土壤肥力评价中，主成分分析和聚类分析常结合使用。主成分分析主要用于数据降维。它将多个相关的土壤肥力指标转化为少数几个综合的主成分，这些主成分能够尽可能多地保留原始数据的信息。这样可以简化数据结构，突出主要的肥力特征。聚类分析则根据主成分分析得到的结果或直接根据原始的土壤肥力指标数据，按照相似性将土壤样本划分为不同的类别或簇。通过聚类分析，可以直观地发现具有相似肥力特征的土壤区域。具体来说，先进行主成分分析，提取关键的主成分变量，然后利用这些主成分或原始数据进行聚类分析。这样的结合能够更全面、深入地分析土壤肥力的状况和分布模式，帮助工作人员更好地了解土壤肥力的差异和特点，为精准的土壤管理和合理利用提供科学依据。

第六章

常用肥料计算及肥料掺混软件概述

常用肥料计算及肥料掺混软件是一款集多种功能于一体的应用软件。它主要具有以下特点：首先，具备强大的数据收集和整合能力，能将试验方案中纯量和肥料用量自由转化、肥料与肥料之间混配、肥料与农药之间混配等各类信息进行汇总和分析。通过智能算法，精确计算出适合特定地块和作物的肥料配方及用量，实现精准计算，提高工作效率，减少误差影响。其次，该软件通常拥有直观易懂的操作界面和便捷的交互功能，让用户无论是专业人员还是普通农户都能轻松上手使用。总的来说，常用肥料计算及肥料掺混软件以科技手段助力农业生产，对推动农业现代化、绿色化发展有着重要作用。常用肥料计算及肥料掺混软件包括登录界面、主界面、肥料计算界面、酸碱性肥料混配界面、常用肥料混配界面、

作物与氯肥界面、肥料与农药混配界面等。

第一节　肥料计算界面

农业生产中时常计算肥料中氮、氧化钾、五氧化二磷等养分的含量，利用计算机编程技术将农业生产中肥料含量计算及混配程序化，从而提高工作效率，减少人为误差。在肥料计算界面中（图 6－1），垄长和垄宽输入参数单位统一为米（m），将数值折算为米，氮肥名称为尿素，磷肥名称为过磷酸钙或磷酸二铵，钾肥名称为氯化钾或硫酸钾。系统中“氮”“五氧化二磷”和“氧化钾”为试验要求的纯 N、P_2O_5和 K_2O 的施入量，将各单位转化为千克

/公顷（kg/hm^2）。氮肥中氮含量：所用化肥中氮含量46%。钾肥中氧化钾含量：所用化肥中氧化钾含量60%。磷肥中五氧化二磷含量和磷肥中氮含量：如果所选用的磷肥中含氮（如磷酸二铵，则磷肥中五氧化二磷含量46%，磷肥中含氮18%），则输入相应的参数；如果所选用磷肥中不含氮（如过磷酸钙则磷肥），则输入的参数为0。在肥料含量计算界面中，输入相应的参数，点击"转换"按钮，可输出结果。

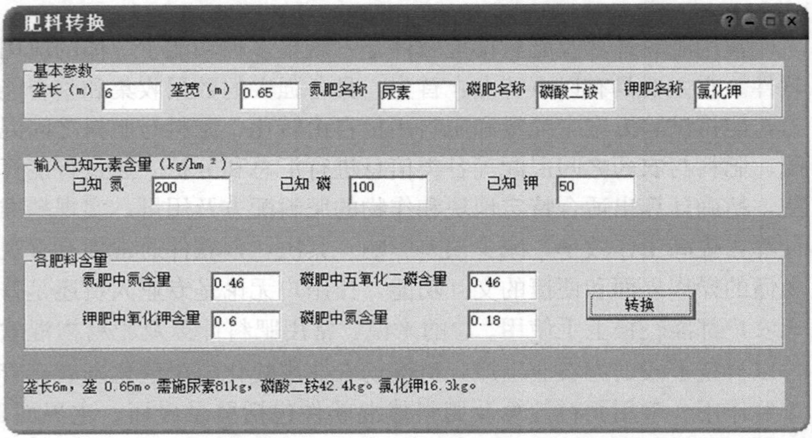

肥料转换
基本参数
垄长（m） 6 垄宽（m） 0.65 氮肥名称 尿素 磷肥名称 磷酸二铵 钾肥名称 氯化钾
输入已知元素含量（kg/hm²）
已知 氮 200 已知 磷 100 已知 钾 50
各肥料含量
氮肥中氮含量 0.46 磷肥中五氧化二磷含量 0.46
钾肥中氧化钾含量 0.6 磷肥中氮含量 0.18
转换
垄长6m，垄 0.65m。需施尿素81kg，磷酸二铵42.4kg。氯化钾16.3kg。

图6-1 肥料含量计算界面

肥料计算界面主要代码如下：

```
Option Explicit
Private Sub Command1 _ Click（）
Dim aa, bb, cc, dd, ee, nf, kf, pfp, pfn, s, pp, nn, kk, a,
b, c, nm, pm, km
aa = Text1
bb = Text2
cc = Text3
dd = Text4
ee = Text5
```

```
nf = Text6
kf = Text8
pfp = Text7
pfn = Text9
nm = Text10
pm = Text11
km = Text12
s = aa * bb
pp = s * dd * 0.1 / pfp
nn = s * cc * 0.1 / nf - pp * pfn
kk = s * ee * 0.1 / kf
a = " 垄长" & aa & " 米，" & " 垄 " & bb & " 米。" & "
需施" & nm & Round (nn, 0) & " 克，"
b = pm & Round (pp, 1) & " 克。"
c = km & Round (kk, 1) & " 克。"
Label10.Caption = a & b & c
End Sub
```

第二节　酸碱性肥料混配界面

常用肥料按照酸碱性可分为酸性肥料、碱性肥料和中性肥料。农业生产中酸性肥料有过磷酸钙、磷酸二氢钾、硝酸镁、硫酸亚铁、硫酸锌、硫酸锰、硼酸、硫酸铵、氯化铵等，碱性肥料有植物灰、碳酸氢铵、钙镁磷肥、方解石、硼砂、钼酸钠等，而尿素、氯化钾、碳酸氢铵、硫酸钾、硫酸镁、石膏为中性肥料。酸性肥料和碱性肥料不能混用，一旦混合，肥效将大大降低。酸碱性肥料混配界面见图 6－2。

肥料混配界面主要代码如下：

```
Private Sub Command1 _ Click ()
For m = 0 To 27
```

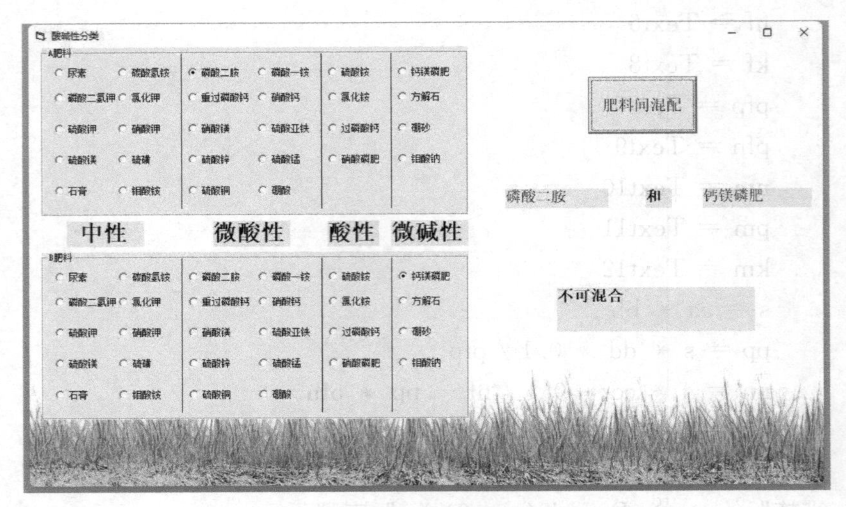

图 6-2　酸碱性肥料混配界面

```
If Option5（m）.Value Then
Label1.Caption = Option5（m）.Caption
End If
Next m
For f = 0 To 27
If Option6（f）.Value Then
Label2.Caption = Option6（f）.Caption
End If
Next f
For i = 0 To 9
If Option5（i）.Value Then
Label3.Caption = "可以混配"
End If
Next i
For i = 10 To 19
If Option5（i）.Value And Option6（0）.Value Then
```

```
Label3. Caption = "可以混配"
End If
If Option5 (i) . Value And Option6 (1) . Value Then
Label3. Caption = "可以混配"
End If
If Option5 (i) . Value And Option6 (2) . Value Then
Label3. Caption = "可以混配"
End If
If Option5 (i) . Value And Option6 (3) . Value Then
Label3. Caption = "可以混配"
End If
If Option5 (i) . Value And Option6 (4) . Value Then
Label3. Caption = "可以混配"
End If
If Option5 (i) . Value And Option6 (5) . Value Then
Label3. Caption = "可以混配"
End If
If Option5 (i) . Value And Option6 (6) . Value Then
Label3. Caption = "可以混配"
End If
If Option5 (i) . Value And Option6 (7) . Value Then
Label3. Caption = "可以混配"
End If
If Option5 (i) . Value And Option6 (8) . Value Then
Label3. Caption = "可以混配"
End If
If Option5 (i) . Value And Option6 (9) . Value Then
Label3. Caption = "可以混配"
End If
If Option5 (i) . Value And Option6 (10) . Value Then
```

```
Label3. Caption = "可以混配"
End If
If Option5 (i) . Value And Option6 (11) . Value Then
Label3. Caption = "可以混配"
End If
If Option5 (i) . Value And Option6 (12) . Value Then
Label3. Caption = "可以混配"
End If
If Option5 (i) . Value And Option6 (13) . Value Then
Label3. Caption = "可以混配"
End If
If Option5 (i) . Value And Option6 (14) . Value Then
Label3. Caption = "可以混配"
End If
If Option5 (i) . Value And Option6 (15) . Value Then
Label3. Caption = "可以混配"
End If
If Option5 (i) . Value And Option6 (16) . Value Then
Label3. Caption = "可以混配"
End If
If Option5 (i) . Value And Option6 (17) . Value Then
Label3. Caption = "可以混配"
End If
If Option5 (i) . Value And Option6 (18) . Value Then
Label3. Caption = "可以混配"
End If
If Option5 (i) . Value And Option6 (19) . Value Then
Label3. Caption = "可以混配"
End If
If Option5 (i) . Value And Option6 (20) . Value Then
```

```
Label3. Caption = "可以混配"
End If
If Option5 (i) . Value And Option6 (21) . Value Then
Label3. Caption = "可以混配"
End If
If Option5 (i) . Value And Option6 (22) . Value Then
Label3. Caption = "可以混配"
End If
If Option5 (i) . Value And Option6 (23) . Value Then
Label3. Caption = "可以混配"
End If
If Option5 (i) . Value And Option6 (24) . Value Then
Label3. Caption = "不可混合"
End If
If Option5 (i) . Value And Option6 (25) . Value Then
Label3. Caption = "不可混合"
End If
If Option5 (i) . Value And Option6 (26) . Value Then
Label3. Caption = "不可混合"
End If
If Option5 (i) . Value And Option6 (27) . Value Then
Label3. Caption = "不可混合"
End If
Next i
For i = 20 To 23
If Option5 (i) . Value And Option6 (0) . Value Then
Label3. Caption = "可以混配"
End If
If Option5 (i) . Value And Option6 (1) . Value Then
Label3. Caption = "可以混配"
```

```
End If
If Option5（i）.Value And Option6（2）.Value Then
Label3.Caption = "可以混配"
End If
If Option5（i）.Value And Option6（3）.Value Then
Label3.Caption = "可以混配"
End If
If Option5（i）.Value And Option6（4）.Value Then
Label3.Caption = "可以混配"
End If
If Option5（i）.Value And Option6（5）.Value Then
Label3.Caption = "可以混配"
End If
If Option5（i）.Value And Option6（6）.Value Then
Label3.Caption = "可以混配"
End If
If Option5（i）.Value And Option6（7）.Value Then
Label3.Caption = "可以混配"
End If
If Option5（i）.Value And Option6（8）.Value Then
Label3.Caption = "可以混配"
End If
If Option5（i）.Value And Option6（9）.Value Then
Label3.Caption = "可以混配"
End If
If Option5（i）.Value And Option6（10）.Value Then
Label3.Caption = "可以混配"
End If
If Option5（i）.Value And Option6（11）.Value Then
Label3.Caption = "可以混配"
```

```
End If
If Option5 (i) .Value And Option6 (12) .Value Then
Label3. Caption = "可以混配"
End If
If Option5 (i) .Value And Option6 (13) .Value Then
Label3. Caption = "可以混配"
End If
If Option5 (i) .Value And Option6 (14) .Value Then
Label3. Caption = "可以混配"
End If
If Option5 (i) .Value And Option6 (15) .Value Then
Label3. Caption = "可以混配"
End If
If Option5 (i) .Value And Option6 (16) .Value Then
Label3. Caption = "可以混配"
End If
If Option5 (i) .Value And Option6 (17) .Value Then
Label3. Caption = "可以混配"
End If
If Option5 (i) .Value And Option6 (18) .Value Then
Label3. Caption = "可以混配"
End If
If Option5 (i) .Value And Option6 (19) .Value Then
Label3. Caption = "可以混配"
End If
If Option5 (i) .Value And Option6 (20) .Value Then
Label3. Caption = "可以混配"
End If
If Option5 (i) .Value And Option6 (21) .Value Then
Label3. Caption = "可以混配"
```

```
End If
If Option5 (i) .Value And Option6 (22) .Value Then
Label3. Caption = "可以混配"
End If
If Option5 (i) .Value And Option6 (23) .Value Then
Label3. Caption = "可以混配"
End If
If Option5 (i) .Value And Option6 (24) .Value Then
Label3. Caption = "不可混合"
End If
If Option5 (i) .Value And Option6 (25) .Value Then
Label3. Caption = "不可混合"
End If
If Option5 (i) .Value And Option6 (26) .Value Then
Label3. Caption = "不可混合"
End If
If Option5 (i) .Value And Option6 (27) .Value Then
Label3. Caption = "不可混合"
End If
Next i
For i = 24 To 27
If Option5 (i) .Value And Option6 (0) .Value Then
Label3. Caption = "可以混配"
End If
If Option5 (i) .Value And Option6 (1) .Value Then
Label3. Caption = "可以混配"
End If
If Option5 (i) .Value And Option6 (2) .Value Then
Label3. Caption = "可以混配"
End If
```

```
If Option5 (i) . Value And Option6 (3) . Value Then
Label3. Caption = "可以混配"
End If
If Option5 (i) . Value And Option6 (4) . Value Then
Label3. Caption = "可以混配"
End If
If Option5 (i) . Value And Option6 (5) . Value Then
Label3. Caption = "可以混配"
End If
If Option5 (i) . Value And Option6 (6) . Value Then
Label3. Caption = "可以混配"
End If
If Option5 (i) . Value And Option6 (7) . Value Then
Label3. Caption = "可以混配"
End If
If Option5 (i) . Value And Option6 (8) . Value Then
Label3. Caption = "可以混配"
End If
If Option5 (i) . Value And Option6 (9) . Value Then
Label3. Caption = "可以混配"
End If
If Option5 (i) . Value And Option6 (10) . Value Then
Label3. Caption = "不可混合"
End If
If Option5 (i) . Value And Option6 (11) . Value Then
Label3. Caption = "不可混合"
End If
If Option5 (i) . Value And Option6 (12) . Value Then
Label3. Caption = "不可混合"
End If
```

```
If Option5 (i) . Value And Option6 (13) . Value Then
Label3. Caption = "不可混合"
End If
If Option5 (i) . Value And Option6 (14) . Value Then
Label3. Caption = "不可混合"
End If
If Option5 (i) . Value And Option6 (15) . Value Then
Label3. Caption = "不可混合"
End If
If Option5 (i) . Value And Option6 (16) . Value Then
Label3. Caption = "不可混合"
End If
If Option5 (i) . Value And Option6 (17) . Value Then
Label3. Caption = "不可混合"
End If
If Option5 (i) . Value And Option6 (18) . Value Then
Label3. Caption = "不可混合"
End If
If Option5 (i) . Value And Option6 (19) . Value Then
Label3. Caption = "不可混合"
End If
If Option5 (i) . Value And Option6 (20) . Value Then
Label3. Caption = "不可混合"
End If
If Option5 (i) . Value And Option6 (21) . Value Then
Label3. Caption = "不可混合"
End If
If Option5 (i) . Value And Option6 (22) . Value Then
Label3. Caption = "不可混合"
End If
```

```
If Option5 (i) .Value And Option6 (23) .Value Then
Label3.Caption = "不可混合"
End If
If Option5 (i) .Value And Option6 (24) .Value Then
Label3.Caption = "可以混配"
End If
If Option5 (i) .Value And Option6 (25) .Value Then
Label3.Caption = "可以混配"
End If
If Option5 (i) .Value And Option6 (26) .Value Then
Label3.Caption = "可以混配"
End If
If Option5 (i) .Value And Option6 (27) .Value Then
Label3.Caption = "可以混配"
End If
Next i
End Sub
```

第三节　常用肥料混配界面

在肥料混配界面中，常用24种肥料混配（图6-3），包括硫酸铵、硝酸铵、氨水、碳酸氢铵、尿素、石灰氮、氯化铵、过磷酸钙、钙镁磷肥、钢渣磷肥、沉淀磷肥、脱氟磷肥、重过磷酸钙、磷矿粉、硫酸钾、窑灰钾肥、磷酸铵、硝酸磷肥、钾氮混肥、氨化过磷酸钙、草木灰、粪尿和新鲜厩肥。肥料混配后会有三种情况，包括可以混合、混合后不宜久放和不可混合。混配软件遵循肥料混配后不会造成有效养分的损失或下降，不会产生不良物理性状的原则。应选择吸湿性小的肥料，吸湿性强混配后造成肥料的潮解，发生化学反应，而导致变质与板结。要保证肥料的颗粒粒径、密度，尽量一致，以满足有效养分的均匀性。在肥料1中和肥料2中各选取一种肥料，利用计算机 VB 编程技术判定是否可混配及混配后是否能久放，根据各肥料的特性。在肥料混配界面中，根据需要在肥料 1 中和肥料 2 中选取一种肥料，点击“肥料混配”按钮，显示结果。最终给出合理方案，以期提高肥料混配的准确性和高效性，实现肥料混配的智能化。

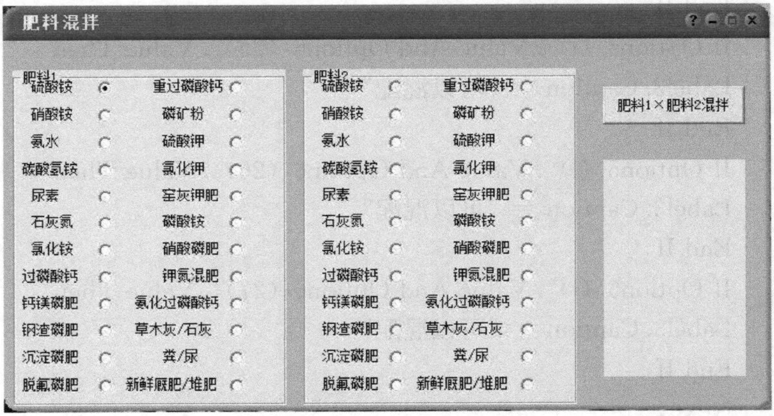

图 6－3　肥料混拌界面

第四节　作物与氯肥界面

氯元素是作物生长必需的 7 种微量元素之一。氯对许多作物具有良好的生长效应。有些作物对氯离子非常敏感，当吸收量达到一定程度，会明显地影响产量和品质，这些作物通常成为忌氯作物，不宜施用或有条件地谨慎施用含氯肥料。本界面（图 6－4）根据作物对氯离子的敏感程度分为 3 类，分别是高敏感性作物、中敏感性作物和低敏感性作物。

肥料混配界面主要代码如下：

```
Private Sub Command1_Click ()
If Option1 (0) . Value Then
Label1. Caption = Option1 (0) . Caption
```

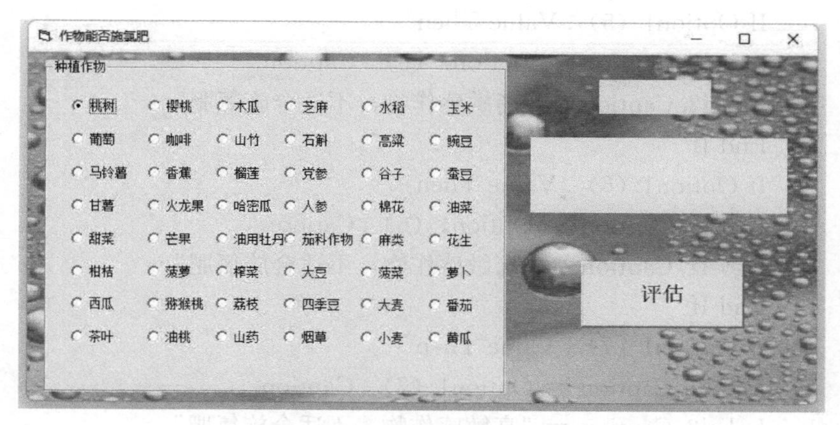

图 6-4　作物与氯肥界面

```
Label2. Caption = "高敏感作物，不适合施氯肥"
End If
If Option1 (1) . Value Then
Label1. Caption = Option1 (1) . Caption
Label2. Caption = "高敏感作物，不适合施氯肥"
End If
If Option1 (2) . Value Then
Label1. Caption = Option1 (2) . Caption
Label2. Caption = "高敏感作物，不适合施氯肥"
End If
If Option1 (3) . Value Then
Label1. Caption = Option1 (3) . Caption
Label2. Caption = "高敏感作物，不适合施氯肥"
End If
If Option1 (4) . Value Then
Label1. Caption = Option1 (4) . Caption
Label2. Caption = "高敏感作物，不适合施氯肥"
End If
```

```
If Option1（5）.Value Then
Label1.Caption = Option1（5）.Caption
Label2.Caption = "高敏感作物，不适合施氯肥"
End If
If Option1（6）.Value Then
Label1.Caption = Option1（6）.Caption
Label2.Caption = "高敏感作物，不适合施氯肥"
End If
If Option1（7）.Value Then
Label1.Caption = Option1（7）.Caption
Label2.Caption = "高敏感作物，不适合施氯肥"
End If
If Option1（8）.Value Then
Label1.Caption = Option1（8）.Caption
Label2.Caption = "高敏感作物，不适合施氯肥"
End If
If Option1（9）.Value Then
Label1.Caption = Option1（9）.Caption
Label2.Caption = "高敏感作物，不适合施氯肥"
End If
If Option1（10）.Value Then
Label1.Caption = Option1（10）.Caption
Label2.Caption = "高敏感作物，不适合施氯肥"
End If
If Option1（11）.Value Then
Label1.Caption = Option1（11）.Caption
Label2.Caption = "高敏感作物，不适合施氯肥"
End If
If Option1（12）.Value Then
Label1.Caption = Option1（12）.Caption
```

```
Label2. Caption = "高敏感作物，不适合施氯肥"
End If
If Option1 (13) . Value Then
Label1. Caption = Option1 (13) . Caption
Label2. Caption = "高敏感作物，不适合施氯肥"
End If
If Option1 (14) . Value Then
Label1. Caption = Option1 (14) . Caption
Label2. Caption = "高敏感作物，不适合施氯肥"
End If
If Option1 (15) . Value Then
Label1. Caption = Option1 (15) . Caption
Label2. Caption = "高敏感作物，不适合施氯肥"
End If
If Option1 (16) . Value Then
Label1. Caption = Option1 (16) . Caption
Label2. Caption = "高敏感作物，不适合施氯肥"
End If
If Option1 (17) . Value Then
Label1. Caption = Option1 (17) . Caption
Label2. Caption = "高敏感作物，不适合施氯肥"
End If
If Option1 (18) . Value Then
Label1. Caption = Option1 (18) . Caption
Label2. Caption = "高敏感作物，不适合施氯肥"
End If
If Option1 (19) . Value Then
Label1. Caption = Option1 (19) . Caption
Label2. Caption = "高敏感作物，不适合施氯肥"
End If
```

```
If Option1 (20) . Value Then
Label1. Caption = Option1 (20) . Caption
Label2. Caption = "高敏感作物，不适合施氯肥"
End If
If Option1 (21) . Value Then
Label1. Caption = Option1 (21) . Caption
Label2. Caption = "高敏感作物，不适合施氯肥"
End If
If Option1 (22) . Value Then
Label1. Caption = Option1 (22) . Caption
Label2. Caption = "高敏感作物，不适合施氯肥"
End If
If Option1 (23) . Value Then
Label1. Caption = Option1 (23) . Caption
Label2. Caption = "高敏感作物，不适合施氯肥"
End If
If Option1 (24) . Value Then
Label1. Caption = Option1 (24) . Caption
Label2. Caption = "高敏感作物，不适合施氯肥"
End If
If Option1 (25) . Value Then
Label1. Caption = Option1 (25) . Caption
Label2. Caption = "高敏感作物，不适合施氯肥"
End If
If Option1 (26) . Value Then
Label1. Caption = Option1 (26) . Caption
Label2. Caption = "高敏感作物，不适合施氯肥"
End If
If Option1 (27) . Value Then
Label1. Caption = Option1 (27) . Caption
```

```
Label2. Caption = "高敏感作物，不适合施氯肥"
End If
If Option1 (28) .Value Then
Label1. Caption = Option1 (28) .Caption
Label2. Caption = "高敏感作物，不适合施氯肥"
End If
If Option1 (29) .Value Then
Label1. Caption = Option1 (29) .Caption
Label2. Caption = "高敏感作物，不适合施氯肥"
End If
If Option1 (30) .Value Then
Label1. Caption = Option1 (30) .Caption
Label2. Caption = "高敏感作物，不适合施氯肥"
End If
If Option1 (31) .Value Then
Label1. Caption = Option1 (31) .Caption
Label2. Caption = "高敏感作物，不适合施氯肥"
End If
If Option1 (32) .Value Then
Label1. Caption = Option1 (32) .Caption
Label2. Caption = "低敏感作物，可以施氯肥"
End If
If Option1 (33) .Value Then
Label1. Caption = Option1 (33) .Caption
Label2. Caption = "低敏感作物，可以施氯肥"
End If
If Option1 (34) .Value Then
Label1. Caption = Option1 (34) .Caption
Label2. Caption = "低敏感作物，可以施氯肥"
End If
```

```
If Option1 (35) . Value Then
Label1. Caption = Option1 (35) . Caption
Label2. Caption = "低敏感作物，可以施氯肥"
End If
If Option1 (36) . Value Then
Label1. Caption = Option1 (36) . Caption
Label2. Caption = "低敏感作物，可以施氯肥"
End If
If Option1 (37) . Value Then
Label1. Caption = Option1 (37) . Caption
Label2. Caption = "低敏感作物，可以施氯肥"
End If
If Option1 (38) . Value Then
Label1. Caption = Option1 (38) . Caption
Label2. Caption = "中敏感作物，施氯肥影响不大"
End If
If Option1 (39) . Value Then
Label1. Caption = Option1 (39) . Caption
Label2. Caption = "中敏感作物，施氯肥影响不大"
End If
If Option1 (40) . Value Then
Label1. Caption = Option1 (40) . Caption
Label2. Caption = "中敏感作物，施氯肥影响不大"
End If
If Option1 (41) . Value Then
Label1. Caption = Option1 (41) . Caption
Label2. Caption = "中敏感作物，施氯肥影响不大"
End If
If Option1 (42) . Value Then
Label1. Caption = Option1 (42) . Caption
```

```
Label2. Caption = "中敏感作物，施氯肥影响不大"
End If
If Option1 (43) . Value Then
Label1. Caption = Option1 (43) . Caption
Label2. Caption = "中敏感作物，施氯肥影响不大"
End If
If Option1 (44) . Value Then
Label1. Caption = Option1 (44) . Caption
Label2. Caption = "中敏感作物，施氯肥影响不大"
End If
If Option1 (45) . Value Then
Label1. Caption = Option1 (45) . Caption
Label2. Caption = "中敏感作物，施氯肥影响不大"
End If
If Option1 (46) . Value Then
Label1. Caption = Option1 (46) . Caption
Label2. Caption = "中敏感作物，施氯肥影响不大"
End If
If Option1 (47) . Value Then
Label1. Caption = Option1 (47) . Caption
Label2. Caption = "中敏感作物，施氯肥影响不大"
End If
End Sub
```

第五节　肥料与农药混配界面

不同肥料之间、不同药剂之间，以及不同的药剂与肥料之间都可以混用来提高利用效率。但是，有些肥料和农药之间不能混用，如混用，可能会造成烧根烧苗，产生肥害、药害等问题。肥料与农药混配界面（图 6 - 5）对常用的肥料与农药进行评估，进而判断肥料与农药是否可以混配。

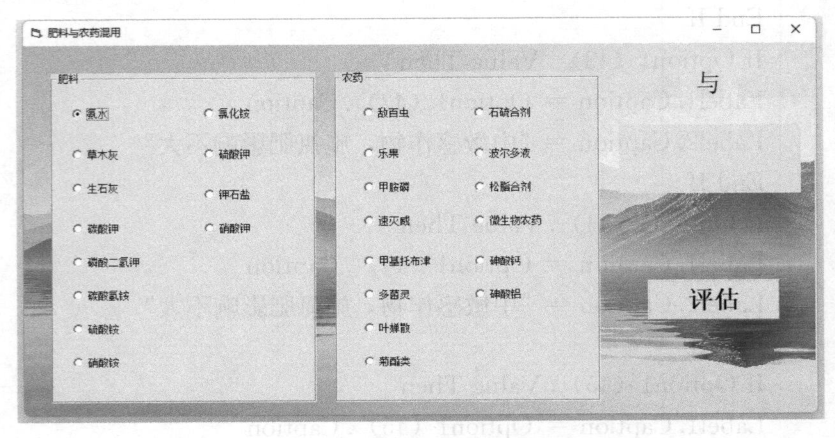

图 6-5　肥料与农药混配界面

肥料混配界面主要代码如下：

```
Private Sub Command1 _ Click ()
For m = 0 To 4
If Option1 (m) . Value And Option2 (0) . Value Then
Label1. Caption = Option1 (m) . Caption
Label4. Caption = Option2 (0) . Caption
Label2. Caption = "不可混配"
End If
If Option1 (m) . Value And Option2 (1) . Value Then
Label1. Caption = Option1 (m) . Caption
Label4. Caption = Option2 (1) . Caption
Label2. Caption = "不可混配"
End If
If Option1 (m) . Value And Option2 (2) . Value Then
Label1. Caption = Option1 (m) . Caption
Label4. Caption = Option2 (2) . Caption
Label2. Caption = "不可混配"
```

```
End If
If Option1（m）.Value And Option2（3）.Value Then
Label1. Caption = Option1（m）.Caption
Label4. Caption = Option2（3）.Caption
Label2. Caption = "不可混配"
End If
If Option1（m）.Value And Option2（4）.Value Then
Label1. Caption = Option1（m）.Caption
Label4. Caption = Option2（4）.Caption
Label2. Caption = "不可混配"
End If
If Option1（m）.Value And Option2（5）.Value Then
Label1. Caption = Option1（m）.Caption
Label4. Caption = Option2（5）.Caption
Label2. Caption = "不可混配"
End If
If Option1（m）.Value And Option2（6）.Value Then
Label1. Caption = Option1（m）.Caption
Label4. Caption = Option2（6）.Caption
Label2. Caption = "不可混配"
End If
If Option1（m）.Value And Option2（7）.Value Then
Label1. Caption = Option1（m）.Caption
Label4. Caption = Option2（7）.Caption
Label2. Caption = "不可混配"
End If
If Option1（m）.Value And Option2（8）.Value Then
Label1. Caption = Option1（m）.Caption
Label4. Caption = Option2（8）.Caption
Label2. Caption = "可混配"
```

```
End If
If Option1（m）. Value And Option2（9）. Value Then
Label1. Caption = Option1（m）. Caption
Label4. Caption = Option2（9）. Caption
Label2. Caption = "可混配"
End If
If Option1（m）. Value And Option2（10）. Value Then
Label1. Caption = Option1（m）. Caption
Label4. Caption = Option2（10）. Caption
Label2. Caption = "可混配"
End If
If Option1（m）. Value And Option2（11）. Value Then
Label1. Caption = Option1（m）. Caption
Label4. Caption = Option2（11）. Caption
Label2. Caption = "不可混配"
End If
If Option1（m）. Value And Option2（12）. Value Then
Label1. Caption = Option1（m）. Caption
Label4. Caption = Option2（12）. Caption
Label2. Caption = "可混配"
End If
If Option1（m）. Value And Option2（13）. Value Then
Label1. Caption = Option1（m）. Caption
Label4. Caption = Option2（13）. Caption
Label2. Caption = "可混配"
End If
Next m
For m = 5 To 8
If Option1（m）. Value And Option2（0）. Value Then
Label1. Caption = Option1（m）. Caption
```

```
Label4. Caption = Option2 (0) . Caption
Label2. Caption = "可混配"
End If
If Option1 (m) . Value And Option2 (1) . Value Then
Label1. Caption = Option1 (m) . Caption
Label4. Caption = Option2 (1) . Caption
Label2. Caption = "可混配"
End If
If Option1 (m) . Value And Option2 (2) . Value Then
Label1. Caption = Option1 (m) . Caption
Label4. Caption = Option2 (2) . Caption
Label2. Caption = "可混配"
End If
If Option1 (m) . Value And Option2 (3) . Value Then
Label1. Caption = Option1 (m) . Caption
Label4. Caption = Option2 (3) . Caption
Label2. Caption = "可混配"
End If
If Option1 (m) . Value And Option2 (4) . Value Then
Label1. Caption = Option1 (m) . Caption
Label4. Caption = Option2 (4) . Caption
Label2. Caption = "可混配"
End If
If Option1 (m) . Value And Option2 (5) . Value Then
Label1. Caption = Option1 (m) . Caption
Label4. Caption = Option2 (5) . Caption
Label2. Caption = "可混配"
End If
If Option1 (m) . Value And Option2 (6) . Value Then
Label1. Caption = Option1 (m) . Caption
```

```
Label4. Caption = Option2 (6) . Caption
Label2. Caption = "可混配"
End If
If Option1 (m) . Value And Option2 (7) . Value Then
Label1. Caption = Option1 (m) . Caption
Label4. Caption = Option2 (7) . Caption
Label2. Caption = "可混配"
End If
If Option1 (m) . Value And Option2 (8) . Value Then
Label1. Caption = Option1 (m) . Caption
Label4. Caption = Option2 (8) . Caption
Label2. Caption = "不可混配"
End If
If Option1 (m) . Value And Option2 (9) . Value Then
Label1. Caption = Option1 (m) . Caption
Label4. Caption = Option2 (9) . Caption
Label2. Caption = "不可混配"
End If
If Option1 (m) . Value And Option2 (10) . Value Then
Label1. Caption = Option1 (m) . Caption
Label4. Caption = Option2 (10) . Caption
Label2. Caption = "不可混配"
End If
If Option1 (m) . Value And Option2 (11) . Value Then
Label1. Caption = Option1 (m) . Caption
Label4. Caption = Option2 (11) . Caption
Label2. Caption = "不可混配"
End If
If Option1 (m) . Value And Option2 (12) . Value Then
Label1. Caption = Option1 (m) . Caption
```

```
Label4. Caption = Option2 (12) . Caption
Label2. Caption ="可混配"
End If
If Option1 (m) . Value And Option2 (13) . Value Then
Label1. Caption = Option1 (m) . Caption
Label4. Caption = Option2 (13) . Caption
Label2. Caption ="可混配"
End If
Next m
For m = 9 To 11
If Option1 (m) . Value And Option2 (0) . Value Then
Label1. Caption = Option1 (m) . Caption
Label4. Caption = Option2 (0) . Caption
Label2. Caption = "可混配"
End If
If Option1 (m) . Value And Option2 (1) . Value Then
Label1. Caption = Option1 (m) . Caption
Label4. Caption = Option2 (1) . Caption
Label2. Caption = "可混配"
End If
If Option1 (m) . Value And Option2 (2) . Value Then
Label1. Caption = Option1 (m) . Caption
Label4. Caption = Option2 (2) . Caption
Label2. Caption = "可混配"
End If
If Option1 (m) . Value And Option2 (3) . Value Then
Label1. Caption = Option1 (m) . Caption
Label4. Caption = Option2 (3) . Caption
Label2. Caption = "可混配"
End If
```

```
If Option1 (m) .Value And Option2 (4) .Value Then
Label1.Caption = Option1 (m) .Caption
Label4.Caption = Option2 (4) .Caption
Label2.Caption = "可混配"
End If
If Option1 (m) .Value And Option2 (5) .Value Then
Label1.Caption = Option1 (m) .Caption
Label4.Caption = Option2 (5) .Caption
Label2.Caption = "可混配"
End If
If Option1 (m) .Value And Option2 (6) .Value Then
Label1.Caption = Option1 (m) .Caption
Label4.Caption = Option2 (6) .Caption
Label2.Caption = "可混配"
End If
If Option1 (m) .Value And Option2 (7) .Value Then
Label1.Caption = Option1 (m) .Caption
Label4.Caption = Option2 (7) .Caption
Label2.Caption = "可混配"
End If
If Option1 (m) .Value And Option2 (8) .Value Then
Label1.Caption = Option1 (m) .Caption
Label4.Caption = Option2 (8) .Caption
Label2.Caption = "可混配"
End If
If Option1 (m) .Value And Option2 (9) .Value Then
Label1.Caption = Option1 (m) .Caption
Label4.Caption = Option2 (9) .Caption
Label2.Caption = "可混配"
End If
```

```
If Option1 (m) . Value And Option2 (10) . Value Then
Label1. Caption = Option1 (m) . Caption
Label4. Caption = Option2 (10) . Caption
Label2. Caption = "可混配"
End If
If Option1 (m) . Value And Option2 (11) . Value Then
Label1. Caption = Option1 (m) . Caption
Label4. Caption = Option2 (11) . Caption
Label2. Caption = "不可混配"
End If
If Option1 (m) . Value And Option2 (12) . Value Then
Label1. Caption = Option1 (m) . Caption
Label4. Caption = Option2 (12) . Caption
Label2. Caption = "不可混配"
End If
If Option1 (m) . Value And Option2 (13) . Value Then
Label1. Caption = Option1 (m) . Caption
Label4. Caption = Option2 (13) . Caption
Label2. Caption = "不可混配"
End If
Next m
End Sub
```

参考文献 REFERENCES

鲍士旦，江荣风，杨超光，等，2005. 土壤农化分析 [M]. 北京：中国农业出版社.

陈天恩，赵春江，陈立平，等，2008. 测土配方施肥辅助决策平台的研究与应用 [J]. 计算机应用研究 (9)：2748-2750.

孔爱科，2012. 施肥系统软件在测土配方施肥中的应用 [J]. 现代农业 (1)：37.

刘凤枝，马锦秋，李梅，等，2011. 土壤监测分析实用手册 [M]. 北京：化学工业出版社.

李纪柏，崔永峰，2008. 专家推荐施肥系统软件在测土配方施肥工作中的应用 [J]. 农业科技与装备(4)：29-30.

鲁如坤，谢建昌，蔡贵信，等，1998. 土壤-植物营养学原理和施肥[M]. 北京：化学工业出版社.

齐峰，2002. Visual Basic 6. X 程序设计[M]. 北京：中国铁道出版社.

孙秀梅，巩建华，刘利民，等，2010. Visual Basic 开发实战 1200 例[M]. 北京：清华大学出版社.

王囡囡，2020. 基于 TRPF 系统的玉米优化施肥技术的应用与研究[J]. 中国农学通报 (24)：23-27.

王囡囡，韩旭东，张春峰，等，2017. 三江平原测土配方 TRPF 系统在大豆优化施肥中的应用[J]. 中国农学通报(1)：24-28.

王囡囡，张春峰，贾会彬，等，2014. 三江平原测土配方施肥 TRPF 系统的研制与初步应用 [J]. 大豆科学(2)：296-298.

王囡囡，张春峰，等，2021. 基于养分平衡施肥法的配方施肥系统设计 [J]. 农学学报 (7)：92-94，124.

王娟，2008. 测土配方施肥专家决策系统研究开发 [J]. 云南农业 (9)：27-30.

王兴仁，曹一平，毛达如，1995. 作物施肥综合调控系统的建立和应用 [J]. 北京农业大学学报（增刊）：1-6.
周大龙，童海琴，2009. 测土配方施肥的意义 [J]. 现代农业科技（23）：279-282.
张明安，马友华，褚进华，等，2011. 基于 WebGIS 的县域测土配方施肥系统的建立 [J]. 农业网络信息（6）：20-26.

图书在版编目（CIP）数据

数字土壤施肥决策系统 / 王囡囡等著. -- 北京 :
中国农业出版社，2024. 8. -- ISBN 978-7-109-32584
-5

Ⅰ. S158

中国国家版本馆 CIP 数据核字第 2024AM4419 号

数字土壤施肥决策系统

SHUZI TURANG SHIFEI JUECE XITONG

中国农业出版社出版

地址：北京市朝阳区麦子店街 18 号楼

邮编：100125

责任编辑：周锦玉

版式设计：王　晨　　责任校对：吴丽婷

印刷：中农印务有限公司

版次：2024 年 8 月第 1 版

印次：2024 年 8 月北京第 1 次印刷

发行：新华书店北京发行所

开本：880mm×1230mm　1/32

印张：3.25

字数：80 千字

定价：30.00 元